食物居家科学储存
主编 赵国华 杨勇
郑州大学出版社
郑州
U0176341

图书在版编目(CIP)数据

食物居家科学储存/赵国华,杨勇主编. —郑州:
郑州大学出版社,2020.7
ISBN 978-7-5645-7019-4

Ⅰ. ①食… Ⅱ. ①赵… ②杨… Ⅲ. ①食品贮藏-普
及读物 Ⅳ. ①TS205-49

中国版本图书馆 CIP 数据核字(2020)第 090358 号

郑州大学出版社出版发行
郑州市大学路 40 号　　邮政编码:450052
出版人:孙保营　　发行电话:0371-66966070
全国新华书店经销
河南龙华印务有限公司印制
开本:710 mm×1 010 mm　1/16
印张:7.75
字数:149 千字
版次:2020 年 7 月第 1 版　　印次:2020 年 7 月第 1 次印刷

书号:ISBN 978-7-5645-7019-4　　定价:49.00 元

主编简介

赵国华，甘肃古浪人，博士，西南大学二级教授、博士生导师、研究生院院长。曾留学于瑞典隆德大学和美国克莱姆森大学。曾获得全国优秀科技特派员、重庆市“巴渝”学者、重庆市学术技术带头人、重庆市首批高等学校优秀人才支持计划资助、重庆市优秀青年人才营养科学奖、西南大学教学名师、西南大学唐立新教学名师等荣誉。主要研究方向为食品碳水化合物资源开发与利用。现任第二届食品安全国家标准审评委员会营养与特殊膳食食品专业委员会委员、全国农业专业学位食品加工与安全领域研究生教育指导委员会副组长、教育部食品科学与工程教学指导委员会委员、重庆市食品安全地方标准评审委员会副主任委员、中国食品科学技术学会和营养学会理事、重庆市甘薯工程研究中心副主任等社会职务。累计为企业开发产品 20 多个，发表学术论文 200 多篇，其中 SCI 收录论文 80 余篇；获得发明专利授权 13 项；已完成或正在承担包括国家基金层面上项目(3 项)、“863”子课题、“十三五”重点研发任务、重庆市“121”科技支撑示范工程重点等纵向科学研究项目 20 余项；承担企业委托研发项目 30 余项。

杨勇，内蒙古乌兰察布人，正高级工程师，重庆市中药研究院学术委员、中药健康学科带头人，重庆英才计划——创新创业示范团队负责人，现任重庆市中药研究院大健康中心常务副主任、重庆市大健康工程技术研究中心主任，兼任重庆市食品工业协会执行会长、重庆市科技特派员协会副理事长等职务。个人主持省部级及以上项目 13 项，共发表论文 48 篇，获授权发明专利 12 项，登记版权 5 项。

编委名单

主　编　赵国华　杨勇

副主编　曾凯芳　张宇昊　李正国　曾志红
　　　　　张振杰　胡柿红

编　委　(按姓氏笔画为序)

　　　　　邓丽莉　付　余　成玉林　刘明春
　　　　　刘豫东　阮长晴　杨　勇　李正国
　　　　　张宇昊　罗　杨　赵国华　徐　泽
　　　　　高伦江　唐明凤　曾　亮　曾志红
　　　　　曾凯芳　詹　永　戴宏杰

前言

2020年，注定是不平凡的一年。新年初始，新冠疫情暴发，我们每个人为支持国家的防疫工作，减少外出，居家防疫。

新冠疫情下，我们宅在家中抗“疫”，但饭要吃，肉要吃，还要补充蔬菜和水果。正如营养膳食专家所说的，保持膳食平衡，既可以增强抵抗力，又可预防慢性疾病。营养膳食专家还建议居家期间，要天天有水果，顿顿有蔬菜，还要增加优质蛋白质的摄入。

为减少不必要的外出，很多家庭都会一次性购买大量的蔬菜、水果、米面粮油、鲜鱼鲜肉等生活必需品，从而导致储存消费的时间过长，食物腐烂变质的情况增加。大家对水果蔬菜的保质保鲜、对米面粮油的储藏防霉、对鲜鱼鲜肉的储存保鲜、对调料香料的挑选方法等的关注度也越来越高。

为保障特殊情况下，人们的食物安全供给，有效减少食物浪费，确保食品安全，重庆市科技局组织重庆大学、西南大学、四川大学、重庆市农业科学院、重庆市中药研究院等高校院所的相关专家，就日常鲜活及易腐食物的采购、家庭安全储藏、厨房合理加工、餐桌合理消费等相关知识进行比较全面系统的介绍，供大家参考。

本书将居家日常食物的正确选购、科学储藏、合理利用等实用性知识，以浅显易懂的方式、通俗风趣的语言介绍给广大读者。书中涵盖了水果、蔬菜、米面粮油、肉蛋制品以及常用调料香料等多方面的内容。本书语言通俗、内容丰富，是一本集学术性、科学性、实用性于一体的科普读物。由于编写组水平有限，加之时间仓促，书中疏漏与不妥之处在所难免，敬请专家读者批评指正。

编者

2020年3月

目录

一、果蔬类

1 柑橘

新冠肺炎疫情下,我们都居家抗"疫"。很多家庭一次性购买水果的量比平时显著增加,大家对水果家庭保鲜的关注度越来越高。柑橘一般秋冬上市,酸甜可口的柑橘深受人们的喜爱。柑橘家庭保鲜,你做对了吗?

1.1 选购柑橘时要注意什么?

选购柑橘时,除了要注意果实外观的新鲜与饱满,还要注意以下两个方面:

一是挑选没有损伤的。因为在柑橘果实储存时,病原菌大多通过伤口侵染,引起柑橘腐烂。

二是挑选有果蒂的且果蒂越新鲜越好。因为果蒂干枯或脱落是柑橘果实衰老的主要表现之一。

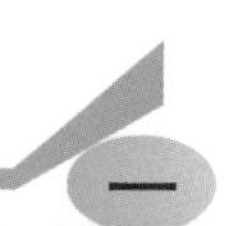

1.2　柑橘能放进冰箱里保鲜吗？

不同品种柑橘的最适储存温度是不一样的。

目前，大家最常食用的甜橙类（脐橙、锦橙、冰糖橙等）、宽皮柑橘类（温州蜜柑、南丰蜜橘、椪柑、砂糖橘等）以及杂柑类（不知火、春见、默科特等）适宜储存温度为 4～6 ℃。

家庭冰箱的保鲜温度一般为 4～7 ℃，可见，柑橘是可以在冰箱中保鲜的。

1.3　买回家的柑橘能存放多长时间？

柑橘存放时间的长短受很多因素影响，比如柑橘品种、购买前柑橘的储存时间、家庭的储存方法等。因此，柑橘存放的时间不能一概而论。

一般来说，冰箱里储存比室温储存更有利于延长保鲜期，采用保鲜袋包装后放入冰箱储存可以更好地延长保鲜期。

需要注意的是，针对平时大家吃柑橘时不一定会洗果皮，在新冠肺炎疫情下，建议大家在食用之前认真清洗果皮。

1.4 柑橘为什么会发霉？

柑橘发霉是由真菌的侵染引起的。造成柑橘腐烂的真菌主要是两种青霉菌（意大利青霉和指状青霉），分别可引起柑橘青霉病和绿霉病。

青霉病和绿霉病初期都产生水渍状圆形软腐病斑，略凹陷，2～3 天后，病斑表面中央形成白色霉状物。青霉病果很快长出青色粉状霉层，有发霉气味，果实腐烂后与包装纸和接触物不粘连；而绿霉病果则长出绿色粉状霉层，散发出芳香气味，果实腐烂后与包装纸和接触物粘连在一起。

1.5 你知道柑橘腐烂时的酸臭味是什么吗?

柑橘在储存期还会出现另一种重要的病害——酸腐病。

发病初期的症状:与青、绿霉病症状相似,会出现圆形、水渍状的病斑,迅速蔓延至全果;病部变软多汁,呈黄褐色,外表皮易脱落,以手触之即破。

发病后期的症状:发病部位表面生长出白色菌丝,且有酸臭气味,最后致果实溃不成形。

1.6 腐烂的柑橘果实还能食用吗?

已腐烂的柑橘果实,不建议食用,不管是腐烂的部位,还是没有腐烂的部位。没有腐烂的部位可能也有病原菌的存在,只不过肉眼看不到;另外,导致柑橘果实腐烂的病原菌还可能会产生一定的真菌毒素,对人体的健康有危害。

1.7 如何避免腐烂的柑橘果实影响其他柑橘?

腐烂柑橘果实的病原菌菌丝(或孢子)可以通过接触(或空气)传播,从而引起其他果实腐烂。

购买时有单果包装的果实,在家庭储存时一般不要去除其单果包装袋,单果包装对于防止果实的交叉感染有很好的作用。

另外,在储存过程中若发现腐烂的果实一定要及时剔除。

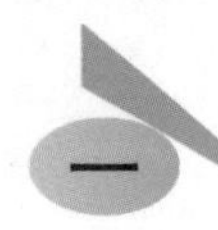

1.8 为什么有些柑橘果肉很干，水分不足？

柑橘“果肉很干，水分不足”往往是由于枯水引起的。

枯水是柑橘果实在储存过程中普遍发生的一种生理病害，表现为果肉含水量降低，果实重量明显变轻，营养成分和风味变差，甚至完全失去食用价值。

2　苹果

与平时相比，新冠肺炎疫情下，很多家庭一次性购买水果的量会增加，由于苹果的储存性比较好，又是周年供应市场的主要果品，因此苹果会作为很多家庭优选购买的水果之一。那么你知道如何对购买的苹果进行保鲜吗？

2.1　选购苹果时要注意什么？

选购苹果时除了注重果实外观的新鲜饱满以外，还要注意尽量不挑选存在磕碰伤的果实。这是因为存在磕碰的苹果果肉容易褐变，会影响口感和风味，且磕碰位置更容易发生腐烂。

2.2　怎样才能延长苹果的保鲜期？

购买后，先将苹果放进冰箱冷藏室，一天后再装到保鲜袋中继续在冷藏室保存，这样既可延长苹果保鲜期，也能减少包装袋内出现凝水。苹果在室温下存放几天，对苹果的品质影响不大。若短期内可食用完，可将苹果放于室内，节约冰箱空间。

冰箱中若有专门用于水果蔬菜保鲜的保鲜室,可将保鲜室温度调至0~2 ℃用于苹果保鲜,但要注意并非所有果蔬均适合在此温度下储存。还要注意:家庭冰箱贴壁位置温度不稳定,建议存放时不要贴壁放置。

2.3　整箱苹果怎么储存?

整箱买回的苹果要先打开检查,挑除坏果,然后装在塑料保鲜袋中再装箱放在阴凉处,经常检查,有坏果、长霉果要及时剔除。

储存时间较长的苹果,食用时打开包装先散散味再食用,这样风味会更纯正一些。

2.4　苹果储存久了为什么不脆了?

苹果在储存过程中会出现脆性下降现象,苹果的脆性下降与果实中果胶物质和水分变化有很大关系。

采摘的新鲜苹果,原果胶含量比较高,果实硬度高,果肉脆;随着后熟进程的进行,果实中原果胶向可溶性果胶、果胶酸转变,果实随之变软;苹果储存过程中的失水也是导致果实不脆的原因之一。

2.5 已发霉腐烂的苹果切除其腐烂部分后还可以食用吗?

苹果发霉主要是由扩展青霉菌引起的。青霉病腐烂一般从果面伤口处发生,表现为先局部黄白色软腐,果面下陷,后呈圆锥状向果心扩展。

在空气潮湿时,病斑表面长出青绿色霉状物,腐烂果有特殊霉味。

除了可见的明显的腐烂症状外,青霉菌污染过程会在果实中产生展青霉毒素等有害代谢产物,该毒素除了在腐烂位置产生外,也会向周围健康组织扩散。研究表明,在距离病变组织周围 3 cm 的果肉中,仍能检测到毒素,因此,简单的切除腐烂部位,并不能有效清除可能潜在的毒素问题,不建议食用。

2.6 苹果切分后为什么会变色,怎么延缓这种变色?

消费者经常发现很多苹果在切割(去皮、切分或咬食)以后,果肉会迅速变褐,这主要是由于切割打破了果实原有的细胞分区,使果肉里面的酚类物质和多酚氧化酶等酚酶接触,在氧气作用下酚类物质被氧化产生醌类物质,并进一步聚合成为黑褐色物质而产生的。

家庭条件下,减少空气接触和冰箱低温储存都是有效延缓褐变的方法。如:苹果去皮或切分后立即浸在冷开水、糖水或淡盐水中,可以使之与空气隔绝;将切分后的果实置于保鲜袋(或保鲜膜)中裹紧,也可以在一定程度上减少氧气接触;切分后可立即放入冰箱一段时间,既可抑制苹果褐变,又可提升苹果脆甜冰爽的口感!

但对于鲜食苹果,建议消费者根据食用量切分,最好随切随吃。如果采用浸泡和保鲜袋包装,要注意水和袋子的卫生问题。另外,切分以后的果实很容易受环境中病原菌污染。因此,切分后的果实,即使放在冰箱中也应尽快食用。

2.7 苹果果心的褐变是病菌引起的吗?

不是。有些外表完好的苹果,切开后,果心呈现不同程度的褐变,这并不是由病菌侵染引起的,而是由于果实储存过程中所处环境中二氧化碳(CO_2)浓度较高,高浓度的二氧化碳伤害引起的。

可能造成果实周围微环境二氧化碳浓度升高,从而引起高二氧化碳伤害,使果心褐变的因素有:气调储存中气体成分控制不当,储存库房(或薄膜帐)中通风换气不良,包装不当等。除此以外,果实采收成熟度较高、采后处理不当、储存温度较高也会造成苹果果心褐变。

2.8 "糖心"苹果是什么?好存放吗?

苹果发育中后期,由于受光照、昼夜温差、水肥及土壤等环境影响,果实中的钙、硼、氮等矿质元素含量间的平衡被打破,造成山梨糖醇等糖分在果实中心部位积累,果心部分吃起来比其他部位要甜,如同糖化一般,称为"糖心"。"糖心"苹果不耐储存,长期存放后,果心会褐变腐烂,果肉还容易发面发软,丧失口感,要尽量低温保存。

3 梨

梨是最常见的一种水果，营养多汁、酸甜适口，深受人们的喜爱。那么，梨如何进行家庭保鲜呢？

3.1 选购梨时需要注意什么？

选购梨时，要注意果实的新鲜饱满程度，可通过以下方法进行判断：

（1）看果型。圆润饱满、形状完整的梨品质较好，歪七扭八、果型不正常的梨品质较差。

（2）看果皮。一般来说，果皮的斑点越细小，色泽越明亮，则代表梨越新鲜。若梨的果皮出现黑色斑点，则代表果实已经开始老化，不宜选购。

（3）看果柄。梨采摘时会保留果柄，一般果柄越绿则代表梨越新鲜，若果柄干枯或腐烂则说明梨采摘时间较长，不够新鲜，不宜选购。

（4）摸果肉。用手摸梨果肉的结实度。若摸起来硬实，则说明是多汁、脆口的新鲜好梨；若摸起来松散，则代表水分较少；若摸起来太软，则表示品质差，有

过熟现象。

挑选梨时，除了考虑梨的新鲜程度，还需尽量挑选没有损伤的梨。因为梨在果实储存期间病原菌大多通过伤口侵染，从而引起果实腐烂，给梨的保存造成很大的困难。

3.2 梨的家庭保鲜方法有哪些？

梨的家庭保鲜方法主要有以下三种：

(1)自然储存。将梨平放在阴凉通风的地方，最好环境温度较低，这样储存的时间较长。

(2)装箱储存。购买量大时，可以装箱暂存，需要时取用。

(3)冰箱储存。梨是很适合放冰箱保鲜的，先将梨用保鲜袋装起来扎口，然后再放入冰箱中冷藏保存。这样一方面防止梨水分的大量损失，另一方面可保持较好的果实品质。适宜的储存温度为0~2 ℃，温度过高(5 ℃以上)会加速果实衰老和增加腐烂。

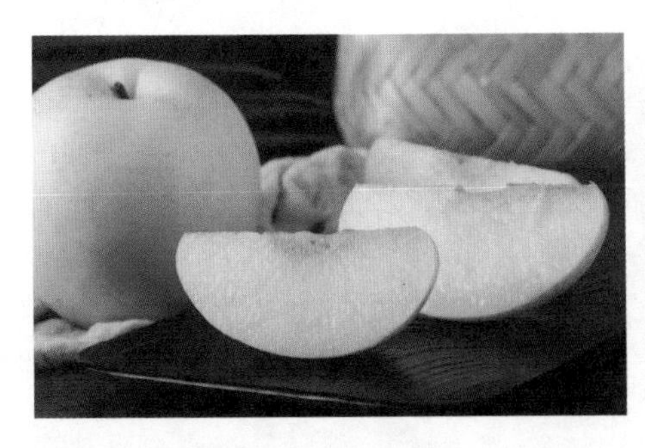

3.3 梨能在家中存放多长时间？

存放时间长短受很多条件(如品种、成熟度、储存方法等)的影响，在此不一概而论。

脆肉型品种(如鸭梨、雪花梨、香水梨等)从果实成熟到完全衰老，果肉始终都是硬的，一般存放时间较长。软肉型品种(如西洋梨)则大多存放时间较短。

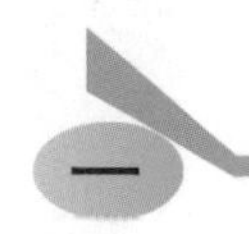

相比于其他储存方法，采用保鲜袋包装后再放入冰箱的方法，可有效延长梨的保鲜期。

3.4　为什么有时梨心发黑，梨子黑心了还能食用吗？

梨心发黑是由于梨储存过程中的一种生理病害——梨黑心病（也叫褐心病）造成的，主要发生在鸭梨、库尔勒香梨、莱阳慈梨、雪花梨等品种上，其中以鸭梨最为严重。梨黑心病的发生主要与储存温度过低造成冷害、果实衰老、储存环境气体成分不适宜、钙含量缺乏等有关系。

因梨核与果肉之间有一层保护层，当梨心出现轻微发黑时，果肉一般还是好的，这样的梨仍然是可以食用的。而梨黑心病严重的梨就会使果肉组织发糠，风味变差，就不能食用了。

3.5　为什么梨切开后不久果肉会变色，果肉变色了还能食用吗？

这是一种很正常的生理现象，是因为梨果肉中的酚类物质在空气中氧化形成有色的醌类物质，从而发生果肉变色。由于产生的这些醌类物质本身是无毒的，所以变色的梨果肉依然能吃，只不过梨果肉的品质下降了。如果时间长了褐变严重，还有可能遭受致病微生物的污染，不宜再食用。

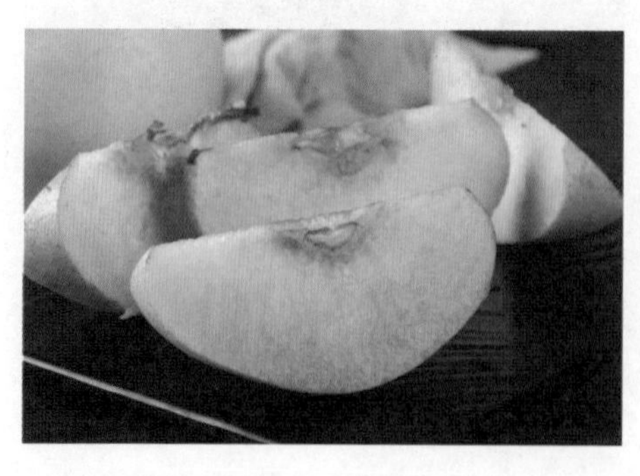

3.6 梨具有润肺止咳功效，多吃梨会不会对预防新冠肺炎有帮助？

梨水分充足，汁味甘酸而平，中医认为梨有润肺止咳等功效，吃梨对肺咳有一定的帮助。目前尚不清楚多吃梨能否对预防新冠肺炎有帮助，但梨可为人体提供维生素和矿物质，有利于保持营养平衡。梨虽是佳果，但其性偏寒，也不宜多食，慢性肠炎、胃寒病、糖尿病患者应少食用生梨。预防新冠肺炎的最好方法是少出门，勤消毒，多通风，保持营养平衡，增强自身免疫力。

4 猕猴桃

猕猴桃酸甜可口,含有丰富的维生素C、维生素A、维生素E以及钾、钙、镁、纤维素、叶酸等多种营养物质,被誉为“水果之王”。猕猴桃是老年人、儿童、体弱多病者的滋补果品。食用猕猴桃有助于均衡膳食,提高机体免疫力,是疫情期间人们采购水果时的良好选择。猕猴桃皮薄肉嫩,易腐烂变质,储存保鲜比较困难,常温条件下只能存放5~10天。

4.1 猕猴桃如何挑选?

挑选猕猴桃的方法,一看猕猴桃外形,二看果实颜色。一般情况下,好的猕猴桃果形规则,多为长椭圆形,果脐小而圆,向内收缩。果皮呈黄褐色且着色均匀,果毛细而未脱落。在成熟度上,如果想即刻食用,就要挑比较软的猕猴桃,便于及时食用,如果想耐储存,就要挑选尚未完熟稍硬的猕猴桃。

4.2 猕猴桃如何储存?

常温下,可把未完全成熟的猕猴桃放在塑料袋(或纸盒)内,一般 5~7 天就可以食用;若放在冷凉的地方,可储存 15 天以上;放在冰箱里(4 ℃左右)可保存 1 个月左右,食用前两天拿出冰箱加速成熟即可。

储存期间,应经常检查,若发现软熟果、烂果,应及时拣出。

4.3 猕猴桃如何催熟?

尚未完熟的猕猴桃,果实较硬,吃起来比较酸涩,需要进行催熟。催熟的方法有二:一是将猕猴桃存放在温度较高的地方,猕猴桃果实就能很快后熟;二是可将猕猴桃装入塑料袋内,再把切开的梨(或苹果)同袋混装,扎口密封一段时间,猕猴桃果实就可食用。

一般每千克猕猴桃放一个切开的梨(或苹果),装入的梨(或苹果)越多,催熟效果越好。经过催熟,猕猴桃变软,即可食用。

4.4 如何判断猕猴桃的最佳食用状态?

食用前,用手指轻轻按压猕猴桃的两端。若按压处发生轻微变形,触感不是很硬,也不是很软,即是猕猴桃的最佳食用状态。只有充分软熟的猕猴桃,果实才会表现固有的风味和特有的香气。

4.5 如何判断猕猴桃是否变质?

猕猴桃后熟之后整果都会变软。若出现局部变软,尤其是有伤的地方变软,其他地方却是硬的,切开后颜色不均匀,嗅之有酸味和酒味,这是变质的表现,不宜食用。

4.6 猕猴桃的腐烂症状有哪些?

猕猴桃果实常见的病害有软腐病、黑斑病和灰霉病。

猕猴桃果实软腐病,表面会出现类似大拇指压痕的斑迹,呈褐色酒窝状,表皮不破,但剥开果皮会显出微黄色的果肉,病斑边缘呈暗绿色的水渍状,很快扩散至整个果实。

猕猴桃果实黑斑病,初期为灰色绒毛状的小霉斑,后期逐渐扩大呈灰色的大绒霉斑。

猕猴桃果实灰霉病,发病时一般由果蒂端开始褐变霉烂,逐渐蔓延至脐部,最终整果霉变腐烂。

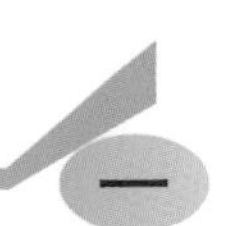

4.7 猕猴桃的食用方法有哪些?

①直接食用,完全成熟的猕猴桃可去皮后直接食用;②猕猴桃汁,新鲜的猕猴桃去皮榨成果汁,口感清新,甜蜜清爽;③猕猴桃沙拉,清洗干净的猕猴桃,切片或切丁,加上沙拉酱,搅拌均匀即可食用;④猕猴桃干,对于来不及食用的硬熟猕猴桃,可去皮,制成猕猴桃果干,口感酸甜,果香诱人。

4.8 食用猕猴桃有哪些注意事项?

猕猴桃性寒。过敏性体质的人食用猕猴桃,特别是未熟透的猕猴桃,会出现以下过敏症状:舌头发麻,严重者会出现口腔黏膜水肿,甚至呼吸困难等。儿童最好不要多吃。猕猴桃中富含过敏物质,主要存在果皮中,食用前先削皮,或将果实切开,在空气中放置一会儿后再食用,会降低其致敏性。

5 香蕉

香蕉是重要的大宗水果之一，也是周年供应市场的主要果品，其口感、风味深受广大消费者喜欢。但香蕉又是典型的不耐储存水果，家庭中如何做好香蕉的保鲜？在保鲜中又需要注意哪些事项？

5.1 选购香蕉要注意什么？

消费者在选购香蕉时，除了注重果实外观的新鲜饱满、果肉富有弹性又不过软以外，还要注意尽量挑选没有碰伤的果实。这是因为，一方面，磕碰位置的果肉往往会产生褐变或黑变，严重影响其口感和风味；另一方面，磕碰位置更容易发生腐烂。

此外，消费者可根据消费需求挑选果实，若是买后立即食用的，建议挑选皮色鲜黄光亮的果实；若是不着急食用的，可以挑选果皮尚未完全转黄的果实（放置一段时间后，果实会自动完成后熟过程）。要注意，不要把成熟果实和尚未完熟的果实混放，以免产生催熟效应。

5.2 香蕉能放冰箱储存吗？

香蕉是典型的热带水果，喜温怕冷，当储运温度长时间低于 12～13 ℃时，就会产生冷害，表现为果皮变灰暗，严重时全部变黑。但不同成熟度的香蕉储存温度不同，对冷害的耐受程度也不同，成熟度高的果实相对来说更耐冷一些。家庭冰箱冷藏室的一般温度为 4～7 ℃，因此，不能把香蕉放在冰箱中保存。

建议消费者最好将香蕉放在室内阴凉、干燥、通风的地方存放。此外，超市提供的袋子，大多透湿、透气性差，若不想加速果实后熟软化进程，应将果实从袋中取出。

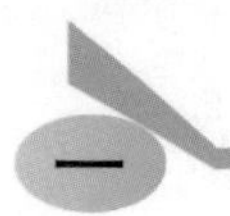

注意:北方冬天温度较低,香蕉在储存、销售和售后运输过程中,可能受到不同程度的冷伤害,如果购买的香蕉未完全成熟,冷害后往往表现为买回家的果实不能正常成熟;如果购买的香蕉已完全成熟,冷害后往往表现为果皮变黑(严重时果肉软烂)。此外,夏季气温较高,会加速果实的生理代谢过程,因此,夏季不建议消费者大量采购香蕉。

5.3 香蕉上的黑点是什么原因引起的?

香蕉上的黑点大多是由炭疽病引起的。炭疽杆菌的分生孢子通常在香蕉采摘前借助风雨或昆虫等传播媒介落在青色的香蕉果实上,在果实即将成熟,特别是成熟之后迅速生长。因此,炭疽病一般在香蕉成熟时才会显现出来。

在储运期间,感染炭疽病的果实病斑多数出现在果实末端部分,开始小,呈圆形,黑色或黑褐色,后迅速扩展,或者几个病斑汇合形成不规则形大斑,病斑凹陷。严重发病时整个果实变黑,果肉变暗、变软和腐烂。

另一种症状是:在黄熟的果实表面产生许多散生的褐色(或暗褐色)小点,呈“芝麻点”状;小点扩大、汇合和向果肉深入,造成全果腐烂。

注:香蕉炭疽病是由香蕉刺盘孢菌引起的一种真菌性病害,与动物的炭疽病不同,不会侵染人体。

5.4 表皮有黑点的香蕉往往特别甜,是什么原因?

并不是因为香蕉表皮产生黑点果实才变甜,而是因为香蕉果实成熟度比较高时,吃起来才比较甜。此时,果实本身的抗病性减弱,炭疽杆菌可利用的营养物质(如可溶性糖)增多,最终导致果实发病,迅速出现黑点。

5.5 果皮变黑或有黑点的香蕉能食用吗?

香蕉在冰箱中存放过久,导致的果皮颜色加深加黑,只要果肉没受到影响,

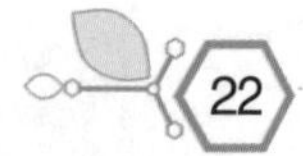

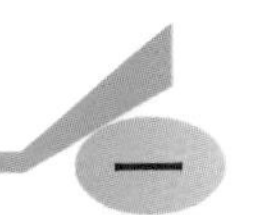

仍可以食用。若果皮出现软烂等症状，就不建议食用了。此时，香蕉的口感不佳，也存在被病原微生物污染的风险。

一般而言，表皮有少量黑点但果肉没有影响的香蕉可以食用，但需尽快食用，这时的香蕉口感不错。如果是炭疽病引起的全果发黑，此时果肉可能已经变得软烂，风味不佳，不建议食用。

5.6　市场上的香蕉，为什么要经过催熟处理？

香蕉的成熟过程非常迅速，成熟后果实会迅速软烂，因此，为了保证非香蕉产区的消费者能吃到品质优良的香蕉，也为了减少运输和采摘后损失，生产上普遍采用在果实达到七八成熟时采收，在销售地进行催熟处理的方式。

生产上用乙烯气体或乙烯利液体（适当条件下释放乙烯气体）对果实进行催熟处理（有严格的标准）。乙烯是香蕉、苹果等果实成熟过程中自身就会大量合成的植物激素，消费者无须恐慌。

5.7　如果想让购买的香蕉快点熟，可采用什么方法？

如果购买的香蕉成熟度不够，又想尽快食用的话，消费者可采用混果催熟的方法对香蕉果实进行催熟处理。如将青香蕉同成熟的苹果、梨（或熟香蕉）混放，有利于青香蕉催熟，这是在利用其他果实释放的乙烯气体来催熟香蕉的。

但要控制好温度和湿度。温度过低，催熟时间长、效果差。温度过高，如超过 30 ℃，会出现青皮熟问题。香蕉最适宜的催熟温度是 20～22 ℃，最适宜的湿度为 85%～90%。

此外，可将购买的香蕉置于袋中密封保存。香蕉上市时，果实本身已达到一定成熟度，可释放内源乙烯，将香蕉果实置于袋中密封，可利用果实本身释放的乙烯进行催熟处理。

6 番茄

番茄，又名西红柿，是消费者最喜爱的蔬菜之一。番茄富含番茄红素、维生素C、钙、磷、钾、铁等多种维生素和矿质元素，还含有蛋白质、糖类、有机酸、纤维素等物质，营养丰富。番茄作为超市、农贸市场最易购买的一种蔬菜，消费非常普遍。

6.1 番茄能放冰箱保鲜吗？

在冬季成熟的番茄一般可常温短期储存，也可短时间放冰箱冷藏保鲜。

若冰箱温度过低或冷藏时间太长，易出现变色、呈水浸状等现象，会导致番茄的风味、口感变差。

番茄较好的保存方法：将购买的番茄放入干净保鲜袋内，轻扎袋口，置于阴凉处，每隔三四天打开袋口通风换气 5 分钟左右。按此方法放置，十几天后番茄照样新鲜，口感仍然很好。

6.2 怎样判断保存的番茄是否变质?

通过外观、手感和味道等方面判断番茄是否变质:新鲜番茄的颜色鲜艳,如果番茄的颜色变暗、变深,表皮破损甚至腐烂,那说明番茄已发生变质了;好的番茄果实手感偏硬,而变质的番茄果实发软;好的番茄有一股自带的“番茄味”,如果番茄出现异味,那就说明番茄不新鲜了。

6.3 食用番茄有什么注意事项?

未成熟的绿色番茄,因含较多的生物碱,容易引起中毒,不宜食用,一般需将番茄存放变红后食用;成熟番茄可以生食,但在疫情状态下,尽量少生吃;如需生食,应进行充分清洗后方可食用。番茄不宜长时间加热烹饪,以免降低营养价值。番茄含有可溶性收敛成分,易与胃酸发生反应,引起胃肠胀满、疼痛等不适症状,空腹不宜食用;服用抗凝血剂药物后不宜食用番茄,否则会降低此类

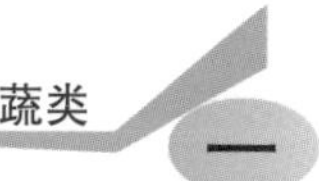

药物的药效。

6.4　小番茄、非红色番茄是转基因的吗？

可以确定的说，目前市场上销售的番茄没有转基因产品。小番茄又名樱桃番茄、圣女果，是普通番茄的一个品种。小番茄颜色鲜艳，风味品质俱佳，在中、西餐的凉拌菜中都有一席之地，也可作为餐后水果食用。市场上多数番茄是红色，也有粉红色、黄色、紫色的，这些非红色的番茄都是从普通番茄中筛选出来的变异品种，都不是转基因产品，大家不必担心。

6.5　番茄的食用方法有哪些？

番茄的食用方法很多，可与多种蔬菜、肉类等一起烹饪，家常的主要有番茄沙拉、糖拌番茄、番茄汁、番茄炒西兰花、番茄鸡蛋汤、番茄牛腩等。

7 大白菜

每天摄入一定量的水果和蔬菜，保持膳食平衡，既可以增强抵抗力，又可以预防慢性疾病。营养膳食专家建议，要天天吃水果，顿顿有蔬菜。大白菜是家庭餐桌上常见叶菜，针对大家关心的大白菜如何选购和储存问题解答如下。

7.1 大白菜的营养价值高吗？

看似普通的大白菜，实则富含丰富的膳食纤维、维生素、微量元素等，能促进肠道蠕动，帮助消化；而且大白菜含水量高，热量少，多吃大白菜有利于身体健康。

7.2 大白菜主要有哪几种？

按照时令区分的话，白菜主要分为秋冬白菜、春白菜和夏白菜。按照叶柄的颜色又分为白梗白菜和青梗白菜。大白菜在我国有广泛栽培，品种多，株型有直立散叶的，也有包心结球的。

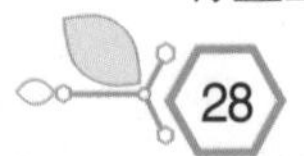

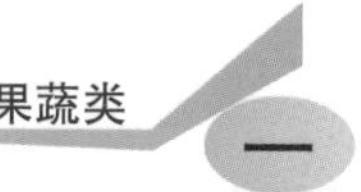

7.3 如何选购大白菜？

选购大白菜主要看外观，挑选新鲜的叶片密实的大白菜，一般从外面的叶片就可以看出，新鲜的大白菜叶片水分充足。好的大白菜，非常结实，手感沉。紧实的大白菜，口感也会更加甘甜。另外，要看有没有腐烂叶片，如果有烂叶，要慎选。

7.4 大白菜买回家后应该如何储存呢？

大白菜相对比较耐储存，储存主要与温度和湿度有关。大白菜水分含量较高，储存时一定要注意温度，寒冷地区当温度低于0 ℃时，叶子里的水分就会结冰，容易发生冻害。温度也不能过高，温度高会促使大白菜的呼吸旺盛，容易失水萎蔫。

大白菜买回家后，只要外层没有烂叶，不用剥掉最外面的叶子。因为外层叶子对内部叶片有保护作用，可有效防止内部叶片的水分流失。将买回的大白菜放在通风的地方晾晒半天，让大白菜表层的水分蒸发一部分，再放在室外阴凉的地方储存，这样可有效减少水分蒸发。如果放在室内储存，可直接存放在冷凉的地方，或用保鲜袋包好存放在冰箱内，可减少大白菜的腐烂和失水。

7.5 大白菜上的黑点是什么？影响食用吗？

经常会发现大白菜上有一些小黑点，如果黑点只长在绿叶上，用清水可以洗掉，这主要是菜地里小虫子惹的祸，只要冲洗干净，是可以食用的。如果黑点长在绿叶和菜帮上，而且用水冲洗不掉，说明黑点是长在大白菜的纤维里，这主要是种植条件和施肥引起的，这种黑点不会对健康造成影响，也是可以食用的。但若黑点较大，已形成黑斑，而且用水洗不掉，这就属于败坏，这样的大白菜不宜继续食用。

8　小白菜

在新冠肺炎疫情期间，每家每户外出购买蔬菜的次数受到限制，小白菜作为四季常见的主要绿叶菜品种，我们该如何进行保鲜呢？

8.1　选购小白菜需注意什么？

在挑选小白菜时可采用"看""立""选"三步法进行。"看"是指通过观察，那些叶片完整、有光泽、茎部光滑、收割切口浅白未发黄的小白菜较为新鲜；"立"是指把小白菜垂直直立，叶片直挺的小白菜较为新鲜，叶片发软且向下垂的小白菜不太新鲜；"选"是指尽量挑选无枯黄叶、腐烂叶、虫斑、破损的小白菜。

8.2　小白菜上虫斑或虫眼多的就是没打农药吗？

这种说法是不准确的。因小白菜易遭虫害，在种植过程中常会施用农药，只是施用农药的种类、时机对防虫效果和农药残留量有影响。防治效果好则虫斑、虫眼少，反之就多，国家有相关规定，要求最后一次施药与收获之间的时间必须大于安全间隔期才能上市，以免农药残留超标影响人体健康，一般常用杀虫剂的安全间隔期为3～7天。当然，也有少数菜农不在意菜的产量和品相，发生虫害不施用农药。因此，不能仅依据虫斑、虫眼的多少判断是否施用农药，建议在烹饪前先用淡盐水或小苏打水浸泡，并多次清洗以减少农药残留。

8.3 小白菜如何保鲜？

小白菜宜放入冰箱冷藏保存。购买的小白菜若表面水分较多，需通过轻甩和短时间摊开去除表面水分，以减少保存过程中因湿度过大引起的腐烂。一次性购买量较大时，建议根据单次食用量用保鲜袋分别包装，并在保鲜袋双面各剪4～6个小孔，以利于气体交换和湿度控制，延长保鲜时间。存放时不宜过多过挤，要有冷气对流空隙，并与冰箱壁留有间隙。保存过程中发现有腐烂变质的小白菜应及时剔除，防止感染其他果蔬。

8.4 小白菜品质下降主要特征有哪些？

小白菜品质下降主要特征为失水萎蔫、叶片变黄和腐烂。失水萎蔫是由空气相对湿度低等原因引起的蒸腾作用所致；叶片变黄是由于储存温度过高，呼吸消耗过大等引起叶绿素降解所致；腐烂则是由病原微生物侵染引起，多发生在储存后期。

8.5 小白菜萎蔫发黄可以食用吗？

小白菜略有失水萎蔫可以食用，在食用前放入清水中浸泡30分钟左右可恢复至新鲜状态；外围有黄化叶片可去除黄化叶片后食用；若已开始腐烂，不管腐烂程度如何都不可食用。

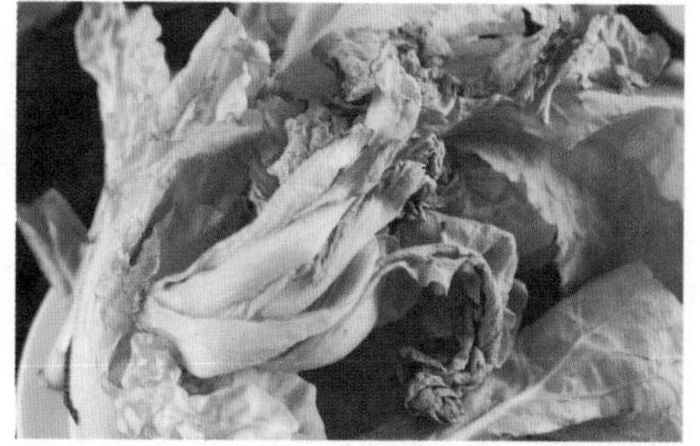

8.6 小白菜的营养价值如何？怎样烹饪为宜？

小白菜是维生素、矿物质含量最为丰富的蔬菜品种之一，含钙量高。每100克小白菜含钙量为90毫克左右，而每100毫升牛奶的含钙量大约为110毫克。因此，除了奶制品、豆制品，小白菜也是补钙的优选食材。小白菜不宜生食，主要烹饪方式为炒或煮，常见的家常菜肴有清炒小白菜、香菇小白菜、小白菜豆腐汤等。需注意炒、煮时间不宜过长，以免损失营养。

9 花菜

花菜也称花椰菜或菜花，以膨大的花球为食，原产地中海沿岸，大约在19世纪中叶传入我国，现在我国各地广泛栽培，是一年四季都会出现在市场上的一种蔬菜，深受人们喜爱。以下针对大家关心的花菜选购、保鲜等相关问题进行解答。

9.1 花菜有哪些品种类型？

常见的花菜品种类型有白花菜、青花菜（西兰花）和松花菜（散花菜）。白花菜花球质地致密，花蕾洁白；青花菜花球紧实，花蕾为深绿色；松花菜的花球相对于白花菜的花球，形态较为松散，花蕾多为白色或乳白色，且蕾枝较长，花层较薄，其口感较普通白花菜更为清脆。

除以上3种常见品种类型之外，还有紫花菜、黄花菜、宝塔花菜等珍稀品种，一般市场上较为少见。

9.2 选购花菜时需注意什么?

品质好的花菜,首先要保证无损伤、无虫害、主茎短,然后通过“三看一摇”进行选购。①看花蕾。花蕾紧实,花茎脆嫩,颜色亮丽,表面洁净,花蕾尚未开放。②看叶片。外叶叶片少,且翠绿、饱满、舒展。③看切口。收割切口呈白色或乳白色,新鲜湿润。④摇一摇。手握主茎部位轻轻摇动,青花菜和白花菜花蕾间未出现松散间隙,松花菜边缘花枝向外晃动幅度小。

9.3 花菜如何保鲜?

花菜适宜的保存温度为0~1 ℃,在较高的室温下放置易出现花蕾黄化、开花、失水萎蔫等现象,应尽量在冰箱中冷藏保存。可采用打孔的保鲜膜单个包裹,或放入保鲜袋中,注意袋口不要扎紧,需留有一定空隙,以利于气体交换和湿度调节,延长保鲜时间。

9.4 花菜可以冷冻保存吗?

可以的。暂时吃不完的新鲜花菜,可将其掰成小朵后用低浓度盐水浸泡5 ~10 分钟,以有效去除虫卵及降低表面农药残留;沸水下锅焯水3 分钟左右,捞起快速放入凉水中冷却,然后沥干水分,装入保鲜袋或保鲜盒,放入冰箱冷冻室保存,一般可保存6 周以上。

9.5 花菜品质下降的主要特征有哪些?

花菜品质下降主要表现为失水萎蔫、黄化、开花、表面出现灰黑色霉点。失水萎蔫是空气相对湿度较低等原因促使蒸腾作用加强所致,花菜黄化和开花是呼吸代谢旺盛、营养物质消耗过大所致,表面出现霉点则是因湿度过高引起的一种储存期病害。花菜略有变黄和松散是可以食用的,只是新鲜度下降,营养物质有所损失;若表层有少许灰黑色霉点,食用前削掉即可,但若灰黑色霉点过多且长得很深就不能食用了。

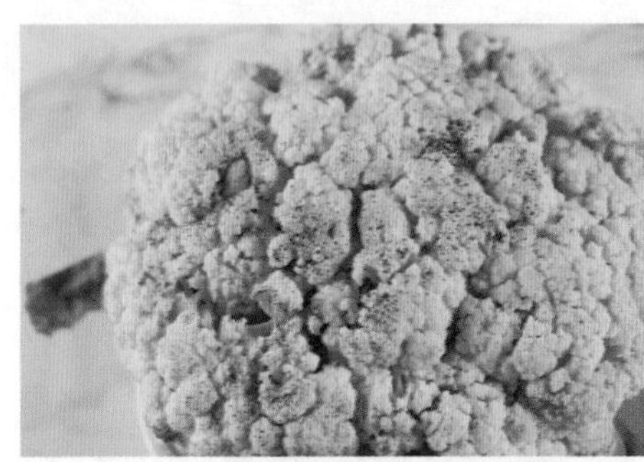

9.6 不同颜色的花菜营养有区别吗?

花菜富含多种维生素和矿物质,维生素 C、维生素 K 含量高,特别是类黄酮含量十分丰富。颜色不同,营养价值也略有差异,总的来说,青花菜和紫花菜的主要抗氧化物质及色素含量较高,营养价值相对高于白花菜和黄花菜。其中,青花菜维生素 C 的含量与紫花菜相当,高于白花菜,钙的含量也高于白花菜,而花青素含量则以紫花菜最高。花菜质地细嫩,味道甘美,食后极易消化吸收,适宜于老年人、小孩和脾胃虚弱、消化功能不强者食用。食用方法多样,炒、煮汤、焯熟后凉拌、烫火锅均可,为了保留花菜更多营养成分,应避免高温长时间烹饪。

10　土豆如何保鲜?

土豆(学名马铃薯,又名洋芋、山药蛋等)是调节市场供应的大宗蔬菜之一,可周年供应。土豆的家庭加工方式很多,可做土豆丝、土豆片、土豆烧牛肉、土豆烧排骨、土豆泥、土豆饼、风琴土豆、狼牙土豆条、奶香土豆塔、拔丝土豆、咖喱土豆、可乐土豆、香脆土豆球等。上面的土豆大餐,有没有让你流口水呢?

战“疫”时期,很多家庭囤了不少土豆,那么,土豆在家里怎么保鲜呢?下面我们就对土豆家庭保鲜的相关问题进行解答。

10.1　选购土豆时要注意什么?

品质好的土豆外形均匀,表皮深黄,皮面干燥,光滑不厚,芽眼较浅,无机械损伤,无病虫害、腐烂、变黑,无发芽、变绿和萎蔫,无酒精发酵气味。

挑选土豆时,尽量挑选没有损伤或损伤较小的,这是因为,损伤修复需要消耗营养物质,在储存环境条件控制不当时,损伤部位易发生腐烂。

10.2 土豆发芽和表皮变绿是什么原因？

很多土豆品种都具有休眠期。一旦条件合适，土豆便可发芽（这是土豆的生理本能），结束休眠期，高温、高湿和光照都会加速土豆的发芽。

土豆表皮变绿是因为有叶绿素合成，光照会加速这个过程，并且伴随有龙葵素的积累。

10.3 发芽和表皮变绿的土豆还能吃吗？

土豆含有一种叫龙葵素的生物碱，龙葵素不仅存在于土豆的表层，在芽、芽眼和芽根及变绿的地方含量也很高。正常薯块中龙葵素含量不超过0.02%，对人畜无害，但土豆发芽或变绿后，龙葵素含量急剧增加。

龙葵素的大量存在会增加土豆的食用风险，一方面，龙葵素会使土豆产生苦味或不良风味；另一方面，龙葵素含量高可通过抑制胆碱酯酶和使含甾醇类物质的生物膜破裂，对人畜产生毒害作用。

因此，对于轻微发芽或皮肉变绿的土豆，应把芽、芽眼和发绿的部分彻底挖掉；如发现土豆生芽过多、芽长超过1 cm或整个薯块变黑时，不建议食用。

10.4 表面有切伤的土豆能吃吗？

有些土豆在挖采过程中会产生一些切伤。生产上，在土豆采收后会立即将其置于10～20 ℃的高湿环境中10～14天，进行切伤处的愈伤处理。

愈伤是土豆适应生存环境的一种特殊功能，愈伤处理可以降低土豆后续储存过程中的自然损耗，防止病原菌引起的腐烂。切除愈伤部位后不影响其他部

位食用。

10.5 怎么延缓土豆切分后的褐变？

土豆在去皮或切分以后会迅速变褐，这主要是由于切分导致酚类物质和多酚氧化酶接触，在氧气作用下酚类物质被氧化产生黑褐色物质所致。

家庭条件下，冰箱低温储存和减少空气接触都是有效延缓褐变的方法，如可通过土豆切分后立即浸在水中或置于保鲜袋中裹紧等方法减少空气接触。如果采用浸泡和保鲜袋包装，要注意水和袋子的卫生问题。

10.6 土豆黑心是什么原因？

土豆出现黑心，严重影响其品质和价值。土豆黑心的主要原因是高温和通风不良导致块茎内部组织供氧不足引发无氧呼吸所致，缺氧严重时整个块茎都可能变黑。因此，土豆储存期间要保持良好的通气性，并保持适宜的储存温度。另外，病原菌侵染也会导致土豆出现黑心现象。

10.7 土豆腐烂是什么原因？

土豆腐烂主要是由镰孢属的病原菌侵染引起的干腐病和胡萝卜欧氏杆菌侵染引起的软腐病。

干腐病土豆，病斑初期褐色，稍凹陷，呈环状皱缩，生成灰白色绒状菌丝团；

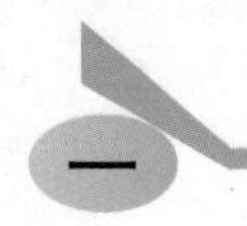

空心,里面长满菌丝,侧壁呈深褐色或灰褐色,后期僵缩、干腐。软腐病土豆,呈湿腐状变软,后腐烂,后期会产生黏稠物质,闻起来有恶臭味。

10.8 土豆是否需要放在冰箱中储存?

鲜食土豆适宜储存温度为3~5 ℃。温度低于0 ℃会出现低温伤害。冰箱的冷藏温度为4~7 ℃,理论上土豆可以在冰箱中保鲜。若短期内可食用完,可以将土豆放到室内,以节约冰箱空间且对食用品质影响也不大。如果需长时间储存,可将土豆用保鲜袋包装后置于冰箱中储存,但注意尽量不要贴壁存放。

10.9 大量购买的土豆如何进行家庭保鲜?

大量购买的土豆可采用室温储存。室温储存土豆,要注意把土豆放在阴凉处,同时控湿、避光,做好通风换气。湿度过大,易引起发芽及腐烂;湿度过小,会使薯块失水萎缩。光照能促使土豆变绿和发芽,因此土豆应避光储存。如把纸箱或木箱放到墙角阴凉处,箱底垫上15 cm高的木块(或砖块),把土豆放到箱内,上面覆盖黑色袋子,可保持土豆新鲜,不易失水,且生芽慢。

11 辣椒

辣椒又名番椒、海椒等，其风味独特，颜色丰富，气味芳香辛辣，有明显促进食欲、帮助消化的功能。辣椒的营养物质含量丰富，辣椒素、胡萝卜素、维生素C的含量较高，每100 g鲜椒的维生素C含量可达80～100 mg，被誉为“蔬菜中的维生素C之王”，是深受广大消费者喜欢的调味品和蔬菜。

11.1 辣椒的“辣”是一种什么感觉？

辣椒的“辣”是由辣椒素的存在所引起的。“辣”并不是味蕾所感受到的味觉，而是舌头受到刺激而产生的灼烧感。辣椒素可以快速地和人体内位于感觉神经元的辣椒素受体结合，感觉神经元接受刺激并传递神经冲动到中枢神经系统，产生所谓的灼烧感。

11.2 为何椒辣有的辣，有的不辣？

不同品种的辣椒辣度不同，决定因素主要是辣椒中所含辣椒素的多少，辣椒素含量越高就越辣。辣椒素的存在能保护辣椒的果实不受真菌和啮齿动物的侵害。

即使是同一品种的辣椒,有的很辣,有的不辣,这与辣椒所处的生长环境相关,阳光、温度、种植土壤中的水分、施加的肥料、栽培环境等都会影响辣椒生长过程中辣椒素的积累及分布,并最终影响辣椒的辣度。

通常,同品种的红辣椒比青辣椒更辣,这是因为红辣椒含有更多的辣椒素;同品种的辣椒,因辣椒素的分布情况是胎座(辣椒中心的瓤)>果肉>籽,导致辣度情况也是胎座>果肉>籽,并非辣椒籽越多辣椒越辣。

11.3 如何选购辣椒?

选购辣椒时,先看辣椒表面,果型完整,色泽鲜艳、饱满,无病斑,无皱缩萎蔫,无破损,无虫咬蛀洞,触感硬挺为新鲜的辣椒。另外,辣椒果柄呈现青绿色、无皱缩枯萎的辣椒较新鲜。

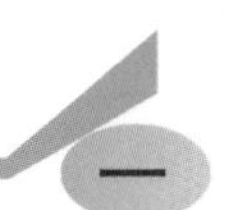

一般情况下，市场上不同品种鲜辣椒辣味情况如下：朝天椒>线椒>牛、羊角椒>甜椒。灯笼形的多为甜椒，果肉越厚越甜脆；尖形辣椒普遍偏辣，且果肉越薄，辣味越重；呈弯曲的长角形辣椒，一般辣味强烈，如各地的长羊角椒、线椒等。

11.4 辣椒适合在什么条件下储存？

辣椒是一种冷敏性蔬菜，原产于热带，存放的过程中易受到低温伤害，不易存放于太低的温度环境中，大多数辣椒的适宜存放温度为8～10 ℃，低于7 ℃易发生冷害；如果辣椒储存温度过高，将会加速辣椒的后熟和腐烂。

除了温度，辣椒的适宜储存相对湿度是85%～90%，且注意需有良好的通风条件。

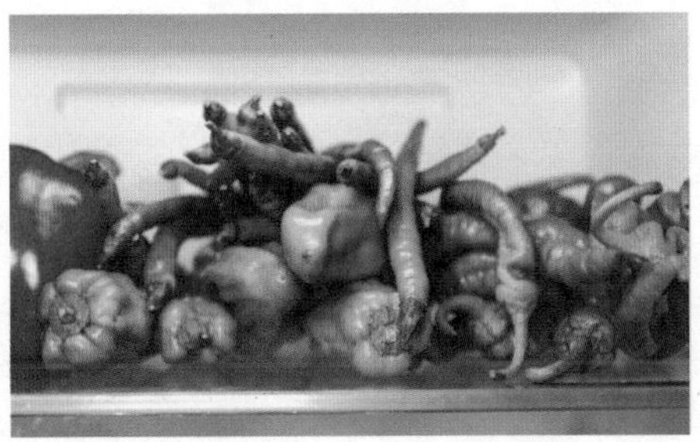

11.5 辣椒的腐烂是什么引起的？

辣椒在储存过程中容易因病害、机械损伤、冷害、失水以及二氧化碳伤害而发生腐烂。

辣椒的腐烂主要由细菌性软腐病、真菌性炭疽病等造成。

辣椒受到低温冷害时表现为果面水渍状腐烂或出现脱色圆形腐烂斑点；堆放、搬运等过程中跌落、挤压等会造成辣椒的机械损伤。遭受冷害和有伤口的辣椒容易感染病原菌从而造成辣椒腐烂。

辣椒的呼吸作用和蒸腾作用通常较强烈，极易失水，一般建议将其包装在保鲜袋中储存，但透湿性不太好的保鲜袋很容易发生结露现象，从而引发病原菌的生长，使辣椒腐烂。

另外，辣椒存放环境中的二氧化碳浓度高于2%时容易导致辣椒腐烂，表现为果实表面出现浅色斑点，该斑点后来逐渐变为棕褐色。

11.6　市场上的彩椒是转基因的吗？

彩椒并非是转基因食品。彩椒是由于含有不同类型的花青素，才表现为丰富的颜色，是农作物多样性的表现之一。彩椒的颜色只是因为天然存在的遗传基因差异而导致的，与品种有关，与转基因无关。

二、谷物类

12 大米

新冠肺炎疫情背景下，很多家庭都会购买大量的米面粮油储存，这就对米面粮油等食品的储存防霉、保质保鲜提出了更多要求。我们针对大众最关心的家庭主粮——大米的保质储存、防虫防霉等相关问题进行解答，推出科普小常识。

12.1 大米能存放多长时间？

大米富含淀粉和蛋白质等营养物质，极易受湿、热、氧、虫、霉等影响而变质，特别是在高温高湿条件下，大米陈化速率加快，酸度增加，黏性下降，品质劣变。

大米的最佳食用期根据其品种、加工包装方式等不同，存在一定差异。南方地区气候温热，散装大米的保质期为3~6个月，北方地区稍长。

对于真空包装的大米，在未拆封的情况下，一般来说保存6~10个月是没有问题的。真空包装的大米开封后，因受空气中水分等因素影响，导致储存期缩短。因此，开袋的真空包装大米，在每次使用完毕后，都应用夹子等物品将封口尽可能密封起来。

12.2 长时间存放的大米还能吃吗?

对于日常居家,不建议长时间储存大米。

大米有一定的保质期,在居家环境下长时间存放,很难保证大米的食用品质及安全性。

随着储存时间的增长,大米的营养品质、食用品质和安全性都会变差,在一定环境下还会发霉、生虫,有些变质情况不易觉察,因此不建议食用在家储存时间过长的大米。

12.3 怎么样能更好地保存大米?

大米应保存在通风、阴凉、干燥处,特别注意防潮,避免储存环境温度波动过大。

可以将大米与其他干燥食品(如挂面等)置入密闭防潮储物箱中存放。

若要保留新米的口感和品质,可将大米储存在低温环境中,比如在冰箱中保存,可以降低大米油脂氧化和米虫的滋生。

要注意,大米在冰箱保存后不要再常温储存,因为温度波动会导致大米表面结露,引起发霉。

12.4 怎么判断是新米还是陈米?

外观:一般来说,新米呈乳白色或淡黄色,表面光滑。陈米色泽暗淡,无光泽,表面呈灰粉状或有白道沟纹。霉变的大米会出现黑色或黄褐色。另外,虫蚀粒、霉变粒及害虫数量多也说明大米陈化严重。

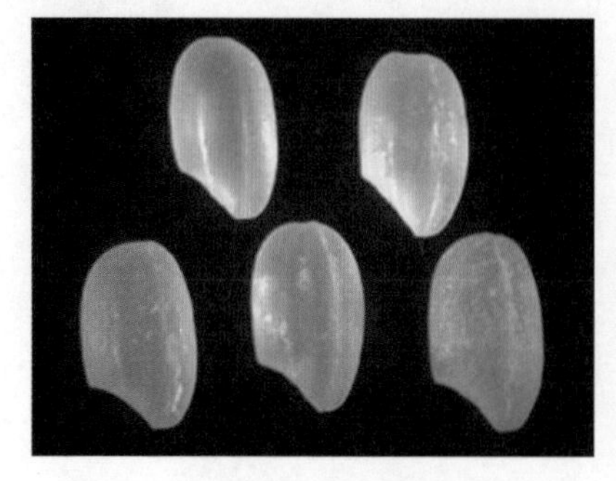

大米外观变化图

从大米外观变化图中,可观察到大米自左上至右下储存时间不断增长。上排最左为正常大米,表面光滑,几乎没有白色线条或斑点。随着储存时间的延长,大米背面的沟纹渐渐变白,同时出现了大量白色或灰白色糠粉。大米“起糠”严重(右下)表明其品质已劣变,不适合食用。

气味:新鲜大米有明显的米香味。大米在储存过程中,原有的香气会逐渐减弱或消失。霉变大米会产生霉味、哈喇味、臭味等,曝晒、水洗、蒸煮后气味仍会保留。如闻到明显的发霉味道,说明已经霉变,坚决不能食用。

口感:新米含水量高,各组分含量未发生较大变化,口感松软;而陈米含水量降低,且各组分物质的含量性质发生变化,口感变硬。

12.5 大米生虫后还能吃吗?大米生虫后怎么处理?

大米生虫是因为气温、湿度、水分含量等因素适宜,与米质并没有直接关系。大米生虫只要不太严重,把米淘洗干净是可以正常食用的,没有必要因一袋米里面生几只虫就全部扔掉。

如果米里生虫不是很严重,可将大米放入冰箱冷冻室,冷冻 24 小时后取出,将米虫挑拣出来,基本不会影响大米原有的口感。

有些家庭会在夏天将大米进行曝晒,以为这样可以防虫驱虫,实际上这种做法不仅无效,还会严重降低大米的食用品质,并且由于温度的波动,更容易结露、受潮、霉变和生虫。

如果大米生虫非常严重，说明大米已经在不适宜的条件下储存较长时间了，有可能伴随发霉等情况，营养及食用品质劣化严重，不建议食用。

12.6 霉变的大米洗干净后能吃吗？

大米已经出现肉眼可见的霉变，或产生明显的霉味，是绝对不能再食用的。

大米发霉往往会产生具有极强致癌作用的黄曲霉素，这类毒素属于脂溶性物质，淘洗很难将其从大米中清除。因此，霉变大米是不能食用的。

13　米粉(线)

米粉(线)是指以大米为原料(主要是籼米),经过清洗、浸泡、磨浆、成型、熟化、冷凉等工序加工制作而成的条状或线状凝胶类食品,而不是大米磨粉后制成的粉状、糊状食品(如婴儿米粉)。米粉烹饪方便,食用爽口,在我国南方及东南亚地区十分受欢迎。

13.1　市售米粉有哪些种类?

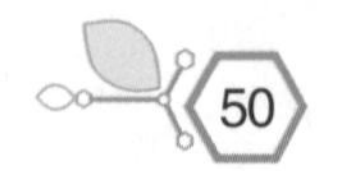

米粉，有些地方也称为米线，食用范围较广，各地所售品种略有差异。一般，按加工工艺可将米粉分为发酵米粉（浸泡时辅以乳酸菌等发酵）和非发酵米粉；按产品含水量可将米粉分为干米粉、半干米粉和湿米粉；按生产方式可将米粉分为榨粉（直接挤压成型，如圆粉）和切粉（铺皮成型后切条，如河粉、卷粉等）。除此之外，方便食品市场还有方便米粉销售，有干米粉和鲜米粉两种。

13.2 米粉购买后在家能储存多久？

不同类型米粉在家中能储存的时间有很大差异。总体来说，干米粉和方便米粉较耐储存，半干米粉次之，鲜米粉的储存时间最短。包装完整且存放在阴凉通风干燥处的干米粉可保存 6 个月以上，具体可参考其标识的生产日期与保质期。半干米粉和鲜米粉常以散装形式在农贸市场和超市销售，由于含水量较高且在生产和运输过程中极易受到污染，它们的储存时间相对较短。

建议半干米粉即便在冰箱冷藏室中保存，也不宜超过 7 天。在同样情况下保存的鲜米粉，尽可能在 3 天内食用。如储存的米粉已在表面出现肉眼可见的霉斑、变红，或有明显的酸腐气味，应停止食用。

13.3 如何判断家中的米粉是否已经变质？

对于购买的干米粉和方便米粉，在其保质期内一般不会发生变质。对于易腐半干米粉和鲜米粉，可通过看、闻、摸、煮等方式判断其是否已经变质。

看：品质良好的米粉外表光洁，有透明感，呈米白色或米黄色，无霉斑，碎条少；而变质的米粉色泽发黄发暗、无光泽、碎条多，甚至出现霉斑和红色。

闻：品质良好的米粉应无霉味或其他异味，但发酵米粉有轻度的酸味。

摸：品质良好的半干米粉或沥水后的鲜米粉表面干爽、不粘手、弯曲有弹性、不易折断。

煮：变质的米粉，烹煮过程容易断条，煮熟后质地烂软、无弹性、无嚼劲、米汤浑浊且伴有酸馊味。变质的米粉不可食用。

13.4 居家如何更好地保存米粉？

干米粉应在阴凉通风干燥处保存；未使用完的干米粉应袋装密闭后防潮储存，以防回潮霉变。建议低温保存半干米粉和鲜米粉，可放入冰箱冷藏室保存，但不建议置于冷冻室保存，冷冻会导致米粉的口感和食用品质显著下降。

13.5 真空包装保鲜湿米粉的包装袋鼓起的原因是什么？

真空包装的保鲜湿米粉的包装袋鼓起，也称胀袋，是由于米粉在储存过程中一些微生物生长繁殖的结果。胀袋，表明米粉已经变质，不能再食用。

13.6 米粉具有怎样的营养特点呢？

米粉的营养价值主要取决于其加工所用的原料，一般糙米米粉的营养价值相对较高。总体来说，米粉的主要成分是淀粉，是为人体提供能量；同时米粉也能为人体提供一定量的蛋白质、维生素（维生素 B_1 和维生素 B_2 等）和矿物质。因此，为营养平衡，在将米粉作为主食食用时，建议搭配适量肉类和蔬菜。与面条相比，米粉的血糖生成能力相当高，但蛋白质、油脂、维生素 B_1 以及多种矿物元素（磷、钾、钠、镁、铁等）的含量相对较低。

14　挂面

14.1　市场上挂面有哪些种类？有何不同？

市场上挂面的品种林林总总。按生产用料，可将挂面分为普通挂面和花色挂面。普通挂面是以小麦粉为主要原料，不加或仅加入少量盐、碱等制成的条状干燥面制品；花色挂面是以小麦粉为主要原料，除可能加入盐、碱之外，还要加入鸡蛋、蔬菜汁、蔬菜粉、杂粮粉等辅料而制成的挂面。

根据生产方式，常可将挂面分为机器挂面和手工挂面。机器挂面，一般由专用机器将面团压片后切条成型，常呈片状（或细丝状），质地紧实；手工挂面，一般由人将面团拉伸而成，呈圆柱状，常伴有空心。

14.2　面条加碱是为了味道更好吗？

的确，加了碱的面条（俗称碱面）煮熟后有一股淡淡的碱味，有不少消费者

喜欢吃这种味道的面条。

但就食品工业而言,加碱的目的并非赋予面条特殊的味道,其主要目的在于:①加碱可以增强面条的筋力,在烹煮时不易混汤;②加碱能中和面条中的游离脂肪酸,防止面条在保存过程中氧化酸败。除此之外,加碱还能使面条呈现淡黄色,且其烹煮成熟的速度较未加碱的快。

14.3　在家如何安全保存挂面?

挂面属于干燥制品,需要在阴凉干燥处保存。在家保存挂面时应注意以下两点:

(1)注意防回潮。要将挂面放置在阴凉干燥处,切忌与含水量较高的其他食物混储。在南方潮湿环境中,要尽可能将挂面密闭包装后存放。对带有包装的产品,在存放时尽可能保持包装完整。

(2)选择合适的保存温度。挂面一般在常温保存即可,无须置于冰箱冷藏室或冷冻室保存,更不要将挂面在冷藏保存和常温保存之间来回变换,这会大幅度降低挂面品质。如确需保存较长时间,可将挂面置于冰箱冷藏室甚至冷冻室中保存。

14.4 怎么判断挂面坏了没有?

可通过以下方法初步判断挂面是否已经变质:

(1)看。看挂面里面是否已经生虫。生虫的挂面一般有肉眼可见黑色小虫,挂面条形有明显缺损,面条上出现一些小的孔洞,包装袋内出现粉状异物等。尤其是散装或拆封后的挂面,还可能因回潮而在表面上出现肉眼可见的霉斑。

(2)闻。品质良好的挂面无异味,霉变的挂面有明显的霉味,酸败的挂面有明显的哈喇味。保存时间过久的挂面还会出现一定的陈土味。

14.5 挂面生虫的原因是什么?

生虫是挂面最常见的变质现象,其主要原因是由原料带入或生产、保存过程中感染的虫卵不断滋生的结果。很多情况下,小麦及面粉中都存在米象、谷象等的虫卵,其形体微小,肉眼不可见,且由于挂面是在较低温度下生产(干燥温度一般不超过40 ℃)的,无法将虫卵杀死。这些存留的虫卵在挂面受潮、保存温度合适(30 ℃)的条件下快速滋生,导致挂面生虫。

★在家如何才能做出很好的面条?

说实话,做面条是个技术活。一般来讲,做面条要掌握好以下几点:

(1)选好面粉。做面条时要选择特一粉(头等粉)、特二粉(上白粉)或标准粉。面粉等级越高,做出来的面条筋力越好,烹煮时越不容易混汤,食用时越有嚼劲。

(2)用好配料。和面时水、盐和碱的用量对面条的品质有很大的影响。通常用水量掌握在面粉重量的30%左右,加盐量和加碱量分别控制在面粉重量的2%~3%和0.1%~0.2%。

(3)和好面团。一般用25~30 ℃的水和面较好;如用家庭和面机,和面时间掌握在10~15 min为宜,时间太短或太长都对面条的质量不利;和好的面团要在室温下放置30 min,做出来的面条质量比面团和好后立即制作的要好。

(4)煮好面条。在烹煮面条时,要等水开了再将面条放入,切记不要冷水入锅;煮面的水要尽可能多一点,能让面条充分在锅内散开,不至于相互黏附(或粘连);煮熟后的面条尽可能通过拌菜等方式尽快降低温度,不宜在高温下保持时间过久;煮好的面条要尽快食用,放置时间越长,品质口感越差(凉面除外)。

15　面包

15.1　市场上常见的面包有哪些品种？各有什么特点？

市场上面包的品种琳琅满目，很难给出一个准确的分类。但就用料来看，大致可将面包分为3类：主食面包、花色面包和酥油面包。主食面包中糖和油的用量较低，一般不超过面粉用量的10%和6%，此类产品质地较硬，有明显的麦香味，如吐司面包、大列巴等。花色面包中糖和油的用量稍高，为面粉用量的12%～15%和7%～10%，同时以配料、馅料、表面装饰等方式加入其他辅料，此类产品往往质地松软，辅料香味突出，但麦香味较轻，如奶油面包、巧克力面包等。酥油面包中加入了大量的固体脂肪，约为面粉重量的50%，此类产品质地酥软，烤香突出，如牛角面包等。当然，根据主料的种类还可将面包分为白面包、全麦面包和杂粮面包等，根据质地可将面包分为硬质面包和软质面包等。

15.2 如何合理选购面包?

疫情期间,大家外出购物次数减少,在选择购买面包时应注意以下几点:

(1)尽量购买新鲜的面包。大家可通过查看产品生产日期和产品形态进行初步判断。一般新鲜的面包表面有光泽,包体没有塌陷,香气浓郁,撕裂时掉渣很少。

(2)尽量购买带有包装的面包。此类产品相对于未包装产品更耐存放。

(3)注意选择合适的产品类型。一般来说主食面包和酥油面包比软质面包更耐储存,如法棍和大列巴可储存 7 天以上,而加有果酱、酸奶、水果布丁等的花色面包的储存时间相对较短。

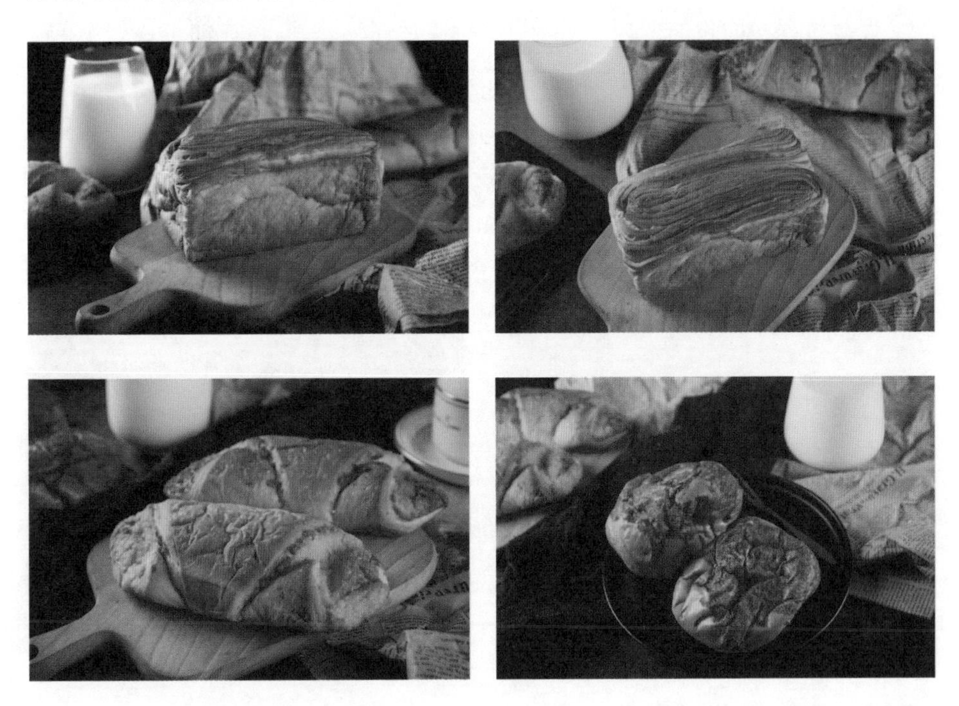

15.3 在家如何保存面包?

面包和其他大多数食品有很大的不同,面包不宜在冰箱冷藏,更适合在常

温储存,这有利于保持其香味与口感。这主要是因为低温储存会导致面包变硬、口感粗糙、弹性降低、质地变“粉”,究其原因是其中的淀粉发生了回生。如果计划将面包在家保存较长时间,还是建议将其保存在冰箱冷藏室中,这样做虽对面包的口感不利,但对其食用安全保障有利。一般的主食面包在此条件下可保存10天左右。为提升口感和安全性,建议将冰箱存放时间较长的面包先恢复到常温,再进行短时复热(微波炉、烤箱)后食用。对未包装的产品,在保存过程中应尽可能加以包装,密闭保存;对带包装的产品,保存时要保持包装完好。

15.4 怎么判断面包是否已经变质?

保存过程中面包的变质主要是由微生物引起的。面包在加工过程中的烘烤温度一般在180 ℃及以上,此温度可完全杀死面团中存在的微生物。因此,导致面包变质的微生物主要是在焙烤后的冷却、包装、运输、销售和保存过程污染的。面包的主要变质方式是发霉,常在表面出现白色霉斑;含水量较高的面包还容易出现变酸的现象,产生轻微的酸腐味,甚至表面变得发黏。对花色面包而言,还要注意其中的果酱、果粒、肉松等辅料引起的腐败变质。

15.5 面包表皮的黄色是添加的色素吗?

面包表皮的黄色一般不是人为添加的色素,而是面团在高温烘烤过程中由蛋白质与糖类反应形成的。食品科学把这一变化称为美拉德反应,属于食品的

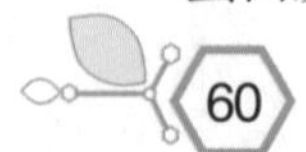

褐变反应之一。美拉德反应不仅赋予了焙烤食品诱人的颜色,同时还产生了大量的挥发性物质,使焙烤食品香气浓郁。大多数情况下,面包的香气也并非添加香精所致。有研究发现,美拉德反应的有色产物还具有抗氧化等多种有益功效。

15.6 面包有何营养特点?

总体来说,面包最主要的营养特点是含有大量的淀粉,能为人体提供较高能量。但不同类型的面包其营养特点又有明显的差异。和白面包相比,全麦面包和杂粮面包的消化速度更慢,血糖生成指数更低,且富含更多的膳食纤维、维生素和矿物质,营养更全面,特别适合血糖高的消费者选用。显然,酥油面包比其他面包富含更多的油脂,能量更高;花色面包的营养还取决于所使用的其他辅料,如添加坚果可显著提高面包产品的蛋白质含量等。

15.7　早餐长期食用面包健康吗？

面包作为一种日常食品，可以长期食用，没有问题。但有两点也需要消费者注意：

（1）面包等焙烤产品的制作过程中常要使用起酥油，大多数情况下为氢化植物油，这类产品的使用往往会给焙烤食品带入反式脂肪酸，此类脂肪酸摄入过多对人体是不利的。具体情况可参看产品包装上的营养标签。

（2）研究发现，面包等焙烤食品在高温焙烤过程中，会形成一种叫丙烯酰胺的物质，长期食用此类物质对身体健康也有一定的风险。

三、肉蛋奶类

16 熟肉制品

熟肉制品是经过酱、卤、熏、烤、腌等工艺制成的肉制品。因其食用方便,具有独特的香气和风味,深受消费者喜爱。在新冠肺炎疫情下,我们食用与保存熟肉制品时应该注意哪些事项呢?

16.1 熟肉制品能传播新冠病毒吗?

熟肉制品不会自带新冠病毒,根据其熟化后的处理或加工方式,可以将日常购买的熟肉制品分为3种:

(1)超市、门店等购买的散装熟肉制品:这类产品通常是熟制后销售,在流通销售过程中有可能通过接触或飞沫沾染新冠病毒,尽管病毒存活时间不会很长,但安全起见,将熟肉制品先加热(或加工)一下,再食用更加稳妥。

(2)自行烹制并进行真空或气调包装的产品:这类产品通常是先熟制,后冷却,再包装。因此在包装前的环节是有可能沾染新冠病毒的,但是包装后销售或物流过程中,不会再沾染新冠病毒。考虑到新冠病毒能存活的时间因素,这类产品传播风险很小。

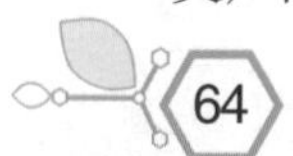

(3) 食品企业生产的带包装熟肉制品:这类产品包装上印有明确的保质期、出厂日期、营养标签、生产厂家等信息,在生产过程中都是先包装,再杀菌,因此这类产品几乎没有新冠病毒的传播风险。

16.2 购买熟肉制品时如何鉴别优劣?

(1)熟肉制品应该具有产品应有的色泽和状态,无肉眼可见外来异物,无焦斑和霉斑;具有产品应有的滋味和气味,无异味,无异嗅。

(2)对于超市、门店或网店等自行制作销售的散装或包装熟肉制品,色泽太鲜艳的应谨慎购买,因为可能加入了这类产品不允许添加的人工色素或发色剂(如亚硝酸盐)。

(3)对于有包装的熟肉制品,要观察产品包装情况,有包装破损或胀袋现象的不要购买。

(4)对于食品企业生产的熟肉制品,应关注产品包装上的生产日期、保质期等信息,需要长期存放的,要尽量挑选近期生产的产品。

16.3 如何储存熟肉制品?

(1)散装熟肉制品不建议大量购买,可用保鲜膜(或锡箔纸)密封包装,存放在冰箱冷藏室中,要注意不要将生熟食物混放,否则容易增加熟肉制品细菌污染概率。冷藏保存的散装熟肉制品建议24小时内食用完,如有剩余,建议包好后冷冻保存。

(2)对于超市、门店或网店等自行制作的包装熟肉制品,不建议大量购买,其保质时间取决于包装过程中的卫生状况。在冰箱冷藏室中存放,建议不要超过3天;若短期内无法食用完,建议冷冻储存。

(3)食品生产企业生产的熟肉制品可根据其标注的保质期、储存时间结合自己的食用习惯确定购买量。对于未开封的产品,严格按照包装说明的存储条件存放,并在保质期内食用完;对于开封的产品,要按照散装熟肉制品的储存方式存放。

16.4 如何安全食用熟肉制品?

(1)疫情期间,超市、门店或网店等自行制作销售的散装或包装熟肉制品,建议加热一下再食用。

(2)切熟肉制品时,一定要做到生熟分开或将刀、案板等厨具充分洗净,切熟肉制品前后都要及时洗手。

(3)冷冻储存的熟肉制品,无须解冻,直接充分加热后食用即可;尽量一次吃完,不建议反复加热冷冻。

16.5 如何判断熟肉制品是否变质?

判断熟肉制品是否变质可以采用“一看二闻三触四尝”的方法:

一看:将熟肉制品的颜色与刚购买时相比,看是否发生明显改变。

二闻:闻熟肉制品是否出现难闻的气味。

三触:摸冷的熟肉制品表面是否明显发黏。

四尝:品尝熟肉制品,判断是否有明显的不正常酸味。

需要说明一点,有些熟肉制品表面发绿光是正常光学现象造成的,并不能说明熟肉制品腐败了。

17 鲜肉

人们宅在家里抗“疫”,饭要吃,营养也要跟上。蛋白质是增强体质和免疫力非常重要的营养素,在战“疫”期间,优质蛋白摄入是不可或缺的,肉就是优质蛋白的主要来源之一。目前情况下,一次性购买的肉比平时量大,如何合理安全地储存和食用呢?人们还担心鲜肉会不会携带病毒?我们一起来解读!

17.1 鲜肉中会自带新冠病毒吗?

目前未有发现家禽家畜感染新冠病毒,但不排除生肉在生产、运输和销售过程中有可能通过接触或飞沫沾染新冠病毒。

总体而言,在当前严防严控的情况下,这种可能性相对比较小。再说,即便鲜肉沾染了新冠病毒,在烹调过程中也可完全将新冠病毒杀死,我们不用过度担心,但接触生肉后洗手是必要的。

17.2 冷藏室里的鲜肉能放多久?

鲜肉应装于保鲜袋内(可减少串味和污染),尽量在冷冻室内保存,如果冷冻室暂时无法存放,也要将鲜肉放在冷藏室。

冷藏室中鲜肉的保存时间与前期生产、运输和销售过程中被微生物污染的程度有关,在这些环节卫生条件控制良好的前提下,鲜肉通常可以在冷藏室中存放3天。

考虑到实际情况的复杂性,建议冷藏室中的鲜肉,要在24小时内吃完,剩余的应尽快储存在冷冻室中。

17.3 肉类解冻要注意什么?

食用冷冻的肉,需要解冻,最好的解冻方式是将冷冻的肉装在保鲜袋里提前放在冷藏室中缓慢解冻,如此操作冷冻的肉可以吸收解冻的水分,减少汁液流失,肉的口感会更好,营养损失的也少;也可以把肉放在净水里解冻,但时间不宜过长,因为这样操作容易滋生微生物。

解冻的肉最好一次都食用完,不要反复冻。因为反复冻会促进微生物的生长,降低食用安全性。另外,也会导致肉中的汁液流失过多,造成营养物质损失并影响肉的口感。

17.4　切肉时要注意什么？

切肉时一定要注意生熟分开。

中国食品药品检定研究院崔生辉老师研究在同一案板上“先切生鸡肉，再切蔬菜沙拉”的过程结果表明：

鸡肉中的沙门氏菌（一种有害微生物，高温烹煮后可杀灭）在整个过程中经案板、刀具和手污染了蔬菜沙拉，蔬菜沙拉被直接食用后，很有可能会危害我们的健康。可见，准备两个案板分开切生熟两类食物是必要的。

如果家里就一个案板，一定要先切熟的再切生的，切完食物后用洗洁精彻底清洗，再用开水烫一下，下次再用就比较安全了。不要嫌麻烦，一定要彻底洗干净！

17.5　做肉时怎样才安全？

烹调肉类一定要充分加热。生鲜肉的表面潮湿且蛋白含量高，很适合微生物生长，冷藏、解冻等过程中微生物仍一直增长，因此鲜肉类食品一定要熟透了吃才安全。外焦里嫩，肉带血丝的吃法，抗“疫”期间不提倡。

17.6　加工肉制品应该怎么存放？

肉类罐头、火腿肠、即食肉制品等也是抗“疫”期间的肉食选择，这些产品可以在常温或冷藏条件下存放一段时间，要留意包装说明特别是保质期限标识。在冷藏柜里销售的产品，保质期较短，购买后一定在冰箱冷藏室内储存，且要在保质期内食用。

最后提示一句，每人每天摄入优质蛋白类食物（如瘦肉、鱼、虾、蛋、大豆等）150～200 g 为宜，因此吃肉也要适量哟！

18 牛奶和鸡蛋

优质蛋白质的补充有助于增强人体免疫力，鸡蛋和牛奶均是优质蛋白质的主要来源。一次性购买较多的鸡蛋和牛奶，如何安全地储存和食用呢？它们会携带新冠病毒吗？我们一一来解读！

18.1 牛奶会携带新冠病毒吗？

目前，还没有发现牛奶携带新冠病毒，超市销售的盒装牛奶在生产过程中经过热杀菌处理，完全可以杀死新冠病毒，因此大家可以放心饮用牛奶。

18.2 如何正确保存牛奶？

超市中销售的牛奶主要有两种。

一种是在冷藏条件下销售的，这种牛奶相对杀菌温度较低，口感和营养保留更好，但保质期较短，通常为7～15天。这类产品购买后仍要在冷藏环境下保存，并在保质期内饮用。因此，在选购该类牛奶时一定要关注产品的保质期限，结合自己的日常饮用量确定购买数量。

一种是在常温下销售的，这种牛奶杀菌温度较高，保质期较长，通常可在常温下保存6个月，口感与营养保留不及前者，但并不影响大家补充优质蛋白。因此，疫情期间，大家可适量储备可在室温储存的牛奶。

18.3 如何安全饮用牛奶？

无论是哪种盒装牛奶，包装都可以对微生物的入侵起到良好的隔绝作用，因此包装的完整性对于牛奶的保存非常重要。牛奶开封后，如未能一次性喝完，一定要存放在冰箱的冷藏室中，并在24小时内饮用完，建议第二次饮用前，对牛奶进行充分加热。

18.4 鸡蛋会带有新冠病毒吗？

目前尚未发现家禽感染新冠病毒，可知鸡蛋本身不会自带新冠病毒。在鸡蛋的生产、运输和销售过程中有可能通过接触或飞沫沾染新冠病毒，并附着于鸡蛋表面。尽管新冠病毒在鸡蛋表面存活时间不会很长，但大家接触生鸡蛋后还是要及时洗手。在鸡蛋烹调过程中，附着于鸡蛋表面的新冠病毒可完全被杀死，因此吃熟鸡蛋是安全的。

18.5 如何判断鸡蛋的新鲜度？

鸡蛋的新鲜度，可按以下 2 种方法判断：

(1)直观判断。在超市选购鸡蛋时，可以对着光观察鸡蛋，如果位于鸡蛋大头一侧的气室较小，蛋黄在鸡蛋的中央，说明鸡蛋比较新鲜。

(2)破蛋判断。新鲜鸡蛋的蛋白中含有一种浓厚蛋白，包裹在蛋黄外面，随着储存期延长，浓厚蛋白会逐渐稀化。也就是说，蛋黄外面包裹的浓厚蛋白越多，说明鸡蛋越新鲜。

顺便说一下，有些消费者喜欢选购土鸡蛋，其实从蛋白营养角度上看，土鸡蛋和养殖蛋并没有什么差别。

18.6 如何正确保存鸡蛋？

鸡蛋购买后不能密闭在塑料袋中，要逐个放在保鲜盒中冷藏，储存时间不要超过 1 个月。此外，还要注意以下 4 点：

(1)勿冷冻。购买的鸡蛋一定不要存放在冰箱的冷冻室。如果冷冻的话，会导致蛋黄凝固，还易造成蛋壳破裂。

(2)勿清洗。鸡蛋在冷藏前不要清洗，因为清洗会大大降低蛋壳对鸡蛋的保护作用。如果鸡蛋表面不干净，可以先用牙刷、干丝瓜络等轻轻刷去表面污物后再存放。

(3)勿横放。鸡蛋的气室在大头一侧,因此放置鸡蛋时,注意将大头朝上,这样可使蛋黄不与蛋壳接触,更好地保存鸡蛋,同时还能防止煮蛋时由于蛋黄靠近蛋壳而散黄。

(4)勿混放。鸡蛋表面常携带细菌,可能会在储存过程中污染别的食物。此外,新鲜的鸡蛋是有生命的,会通过气孔进行呼吸,可以吸收异味。因此,存放鸡蛋时应注意与其他食物分开,防止鸡蛋变味及食物交叉污染。尤其要注意将鸡蛋与那些直接生食的食物分开存放。

18.7 如何安全食用鸡蛋?

生鸡蛋常携带多种细菌,最常见的如沙门氏菌,这些细菌在正常热烹饪过程中可以被杀死。因此,不建议生吃鸡蛋,应充分加热,让鸡蛋熟透后食用最安全;有些人喜欢吃半熟的溏心蛋,这种状态不能确保鸡蛋中的细菌被彻底杀死,有很大的食用安全风险。

19　动物性水产品

动物性水产品营养价值高，富含优质蛋白质、不饱和脂肪酸、维生素和矿物质等，在战“疫”期间，保持适量的水产品摄入有助于加强自身免疫力。水产品是否会携带新冠病毒呢？如何挑选、储存和安全食用？今天我们来进行解读！

19.1　动物性水产品会携带新冠病毒吗？

迄今为止，没有研究发现水产品是新冠病毒的宿主，也就是说水产品不会自带新冠病毒，因此只要在接触鲜活水产品后，及时洗手，加强个人卫生，可以避免水产品因接触或飞沫等途径沾染、传播新冠病毒的风险。

19.2　疫情期间如何选购水产品？

水产动物的肉中水分含量比畜禽肉高，且一些部位如鳃等带有很多细菌，造成水产动物宰杀后变质的速度比畜禽肉更快。因此，对于非冷冻状态的鲜活水产品，尽量按一次消费量选购，不宜过量囤积；对于冷冻状态的水产品，可以适量囤积，冷冻保存。

疫情期间，在购买水产品时，尽量避免手与水产品直接接触，可以通过带一次性手套或在手上套购物小袋等方式抓取选购。

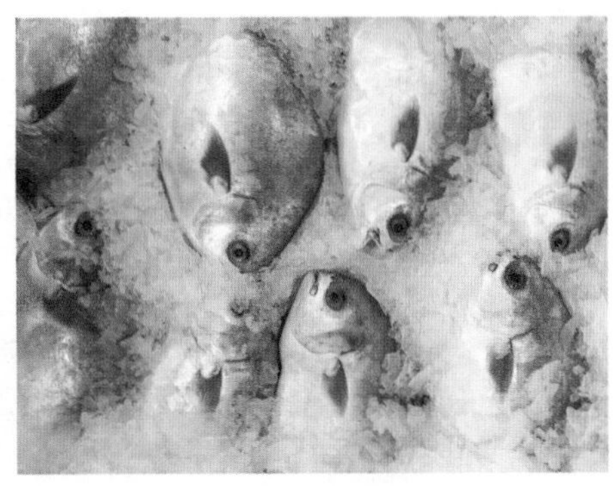

19.3 如何判断鱼是否新鲜?

(1)新鲜的鱼眼球饱满,角膜透明清亮,有弹性;眼球塌陷,角膜混浊,眼腔呈红色的则不新鲜。

(2)新鲜的鱼鳃色鲜红,黏液透明,无异味(淡水鱼有一定土腥味);鳃色呈褐色或灰白色,有混浊的黏液,带有酸臭、腥臭等不良气味的则不新鲜。

(3)新鲜的鱼肌肉坚实有弹性,手指压后凹陷立即消失,无异味,切面有光泽;肌肉松软,手指压后凹陷不易消失,有腥酸味甚至酸臭味等不良气味,肌肉易与骨骼分离的则不新鲜。

(4)新鲜的鱼体表有透明黏液,鳞片完整有光泽,紧贴鱼体,不易脱落;鱼鳞片暗淡无光泽,易脱落,表面黏液不透明甚至污秽,有明显酸味的则不新鲜。

19.4 如何判断虾是否新鲜?

(1)新鲜的虾外壳清晰透明,不新鲜的虾外壳透明度差。

(2)新鲜的虾头体、肉壳连接紧密,不新鲜的虾头体、肉壳易脱离。

(3)新鲜的虾肌肉致密,有弹性;不新鲜的虾肌肉松散,弹性差。

(4)不同种类的虾颜色会有所差别,新鲜的虾呈现活虾原有的颜色,随着新鲜度的下降,颜色会发生变化,如新鲜青虾呈青灰色,随着新鲜度的降低逐渐呈现灰白色。这里提醒一点,有些冻虾是红色,而不是活虾本身的颜色,这是因为这类产品是先进行熟化处理,再冷冻而成的,并不说明虾变质了。

19.5 动物性水产品如何安全储存?

非冷冻的鲜活水产品非常容易腐败,购买后要尽快加工食用,不建议直接冷冻保存,因为在冰箱冷冻过程中,冰晶会破坏水产品中细胞的完整性,从而造成口感和营养品质大幅下降。如果确需保存一段时间,建议先进行处理再冷冻,比如虾焯水、贝类焯水去壳及鱼切块腌制等,这些过程可起到一定的脱水、灭菌或抑制细菌生长的作用,也可减少冷冻对肉质口感的破坏。

对于冷冻水产品,装入食品袋,尽量排出空气后封口,直接冷冻保存即可,通常可保存3~6月。

19.6 冷冻动物性水产品如何解冻?

在低温下缓慢解冻更有利于水产品内部冰晶融化的水重新吸收到细胞中。因此,水产品最好的家庭解冻方式是将水产品提前放在冰箱冷藏室解冻,可较好地保持水产品的口感、鲜度和营养物质;切忌将水产品浸泡在温水中解冻,这样不仅会造成水产品中营养物质的损失,还会使细菌大量繁殖,增加食用安全风险。

19.7 动物性水产品生食安全吗?

对于市场上购买的生鲜水产品,直接生食是不安全的。除了细菌等微生物带来的风险外,鱼类尤其是淡水鱼直接生食还会有寄生虫感染风险;虾、蟹、贝、螺等水产品更是因为生食或烹煮温度不够,造成过食物中毒、甲肝暴发等食品安全事件。因此,动物性水产品应烧熟煮透后食用才安全。事实上,生食动物性水产品的加工必须严格遵守相应的技术规程,比如欧美均规定生食的金枪鱼必须在-20 ℃或者更低的温度下深冻一段时间后才能食用,以避免寄生虫带来的安全风险。因此,自行购买的生鲜水产品,不建议直接生食。

四、其他类

20 豆腐

20.1 常见的豆腐有哪些品种?

豆腐是指在豆浆中加入凝固剂后经脱水或不脱水形成的一种凝胶类食品。一般可根据其使用的凝固剂分为3类:卤水豆腐、石膏豆腐和内酯豆腐。卤水豆腐,也常称为北豆腐,其凝固剂为卤水(主要成分为氯化镁);石膏豆腐,也常称为南豆腐,其凝固剂为石膏粉(主要成分为硫酸钙);内酯豆腐,也常称为嫩豆腐,其凝固剂为葡萄糖酸-δ-内酯。当然,也有根据原料种类对豆腐分类的,如黄豆豆腐、黑豆豆腐等。

20.2 内酯豆腐怎么那么嫩?

相比较之下,内酯豆腐确实比卤水豆腐和石膏豆腐更为细嫩。其实豆腐的细嫩程度主要取决于其含水量、凝胶颗粒的大小及凝胶网络的连续性。一方面,内酯豆腐制作不需要卤水豆腐和石膏豆腐制作中的压紧工序,因此含水量较高。另一方面,在制作卤水豆腐和石膏豆腐时,一旦将卤水或石膏水加入,豆浆会发生瞬间凝固而呈含粗大颗粒的豆花。在内酯豆腐制作过程中,葡萄糖酸-δ-内酯的加入不会引起豆浆的剧烈凝固,并且葡萄糖酸-δ-内酯会逐渐分解形成酸使豆浆 pH 值持续下降而使豆浆凝固。如此凝固形成的颗粒非常细小且凝胶网络结构连续,因此质地细嫩,也就是所谓的“慢工出细活”吧。

20.3 市场上哪种豆腐更安全呢?

消费者对豆腐安全性的疑虑主要是担心豆腐使用的凝固剂是否安全。其实,无论哪种豆腐,其安全性都毋庸置疑。

食品工业使用的石膏实际是硫酸钙的水合物,盐卤主要成分是氯化镁,葡萄糖酸-δ-内酯分解后形成的葡萄糖酸,都是安全的。

20.4 如何居家保存豆腐?

从豆腐品种来看,内酯豆腐比卤水豆腐和石膏豆腐更耐储存。一方面是因内酯豆腐具有较高的酸度,另一方面是因内酯豆腐带有包装。

豆腐应储存在冰箱冷藏室中,包装完好的内酯豆腐一般可存放 5~7 天,具体可参见包装盒上的保质期;而卤水豆腐和石膏豆腐一般建议当天食用,冷藏储存时间最长不要超过 2 天,且应沥干水后储存。

将切块豆腐在开水中烫一下后浸于凉盐开水中,在冰箱中可保存更长时间。需要指出,冷冻储存会完全破坏豆腐固有口感和质地,会使豆腐变成具有网状结构的冻豆腐。

20.5 怎么判断豆腐是否已经坏了?

豆腐属于高蛋白、高水分食品,极易发生腐败变质。

对于包装完好的内酯豆腐,可通过以下方式判断其新鲜度:①观察其渗水的情况,新鲜度不高的豆腐渗水较多;②摇动包装盒,如果盒内豆腐晃动明显或易变形,则表明新鲜度较低。

对于卤水豆腐和石膏豆腐可通过以下方式判断其新鲜度:

(1)看。新鲜豆腐切口整齐,不掉渣或掉渣极少。

(2)闻。新鲜豆腐有明显的豆香味,而腐败的豆腐会发出明显的酸臭味。

(3)摸。新鲜豆腐,表面干爽,不黏手。

20.6 各种豆腐在营养上有什么区别?

一般,卤水豆腐含水量最低(80%~85%),颜色偏黄,质地较硬;石膏豆腐含水量其次(85%~90%),颜色黄白,质地松软;内酯豆腐含水量最高(可达92%),颜色乳白,质地细嫩。

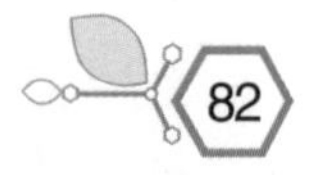

各类豆腐都富含优质蛋白和油脂以及类黄酮等其他营养物质。由于凝固剂的不同,卤水豆腐和石膏豆腐较内酯豆腐含有更高的镁或钙。

20.7 日本豆腐是豆腐吗?

日本豆腐,又称玉子豆腐、鸡蛋豆腐。虽名为豆腐,日本豆腐实际不含或只含有少量的豆类成分,而是以鸡蛋和水为主要原料制成的一类弱凝胶食品。其制作工艺、口感、营养特点与豆腐均有很大差异。

21　家庭调味料

对热爱生活的人来说，烹饪是一门学无止境的艺术，从营养搭配到色香味的调和，有太多神秘等着我们去探索，有太多喜悦等着我们去感受。掌握其中真谛，不仅能让我们身体更健康，也能让我们的生活乐趣无穷。

疫情期间，不能外出聚餐，正好与家人一起切磋厨艺使自己变身大厨，共享家庭烹饪的快乐。烹饪中必不可少的就是调味料，也称佐料，它赋予菜肴以色、香、味，大大增进食欲，还增加了营养。

关于家庭调味料的知识，你了解多少呢？

21.1　家庭常用调味料包括哪些？

家庭常用的调味料有：盐、酱油、醋、味精、鸡精、糖、各种香辛料及复合调味料等。

香辛料主要是指葱、姜、蒜、辣椒、花椒、胡椒、八角、小茴香、香叶、肉桂等使食品具有刺激性香味和辣味的一类调味品。香辛料往往具有促进食欲、防腐以及发散、提神、开胃等功效。

复合调味料是指以两种以上调味料为主要原料制成的一类定型调味料产品。生活中常用到的复合调味料有香辣酱、火锅底料、豆瓣酱等。

21.2　调味料选购有讲究？

日常生活中用到的调味料要根据自身口味和用途进行挑选，注意观察包装是否完好，产品是否在保质期内，产品色泽形态是否正常，产品是否有发霉、胀气的现象等。调味料还要注意适量选购，随用随购，不宜大量购买囤积。当然还要适当关注品牌和价格等因素。

21.2.1 如何挑选食用盐?

百味“咸”为先。食盐是厨房必不可少的调料。市场上的食盐品种有加碘盐、无碘盐、低钠盐等。

加碘盐是为了预防碘缺乏病,但碘摄入过量对人体也是有害的。甲亢患者和部分甲状腺肿瘤患者,或经常食用海产品的消费者,可尽量选用无碘盐或低碘盐。如果发现脖子粗等甲状腺异常,应去医院检查确认是碘过量还是碘缺乏,根据情况或在医师指导下选用食盐。

低钠盐是在碘盐基础上添加了一定量的氯化钾和硫酸镁,从而使消费者改善体内钠、钾、镁等离子的平衡状态,以预防高血压。因此,低钠盐适合中老年人和有高血压病的患者食用。

甲减病人该吃哪种盐?甲减是指甲状腺功能减退,引起甲减的病因比较多,应先检查是何原因造成的甲减。若是因碘缺乏引起的甲减,可补充碘盐;若是非缺碘引起的甲减,则应低碘饮食。

值得注意的是,长期食用过量食盐,可导致高血压、中风、冠心病等心脑血管疾病。世界卫生组织(WHO)建议,盐的摄入量每人每天应在 6 g 以下,尤其是有高血压病史的家庭,更应严格控制盐的摄入,吃低盐食品。

21.2.2　如何挑选酱油?

(1)酿造酱油和配制酱油哪个好?酱油按生产方法不同分为酿造酱油和配制酱油。

酿造酱油是指纯酿造工艺生产的酱油,市场上也有添加了食品添加剂的酱油,只要是在国家标准允许范围内添加的,也是酿造酱油的一种,可以放心食用。

配制酱油是以酿造酱油为主体,添加酸水解植物蛋白调味液等添加剂配制而成的酱油。一般来说,配制酱油鲜味较好,但酱香、酯香不及酿造酱油。

(2)生抽和老抽有何区别?生抽酱油和老抽酱油最大的区别:老抽添加了焦糖而颜色浓,黏稠度较大;生抽酱油盐度较低,颜色也较浅。如果想保持菜肴原味原色时可选用生抽酱油;如果想做口味重的或需要上色的菜肴(如红烧肉),最好选用老抽酱油。我们在烧菜时,可参考"生抽凉拌,老抽红烧"。

(3)如何衡量酱油质量?首先,可通过包装上标识的氨基酸态氮的含量来衡量,氨基酸态氮含量越高,酱油的味道越鲜浓。其次,可通过观察色泽,正常的酱油颜色为澄清的红褐色,品质好的颜色会稍深一些。但如果颜色太深,其香气、滋味会差一些,这类酱油只适合红烧用。另外,好酱油摇起来会起很多的泡沫,不易散去,而劣质酱油摇动时只有少量泡沫,并且容易散去。

21.2.3　如何挑选食醋?

食醋按生产工艺分为酿造食醋和配制食醋。酿造食醋正常色泽应为琥珀色或红棕色。质量好的食醋应具有该品种特有的醋香气;质量较差的食醋是用冰醋酸和醋精勾兑,气味不正,具有强烈的刺激性。此外,醋酸含量是食醋的一种特征性指标,醋酸含量越高说明食醋酸味越浓。配制食醋是以酿造食醋为主体,与冰乙酸、食品添加剂等混合配制而成的调味食醋,代表产品为白醋,其营养成分虽较酿造食醋低,但因其不含色素,在日常生活中有很多小妙用,如用于

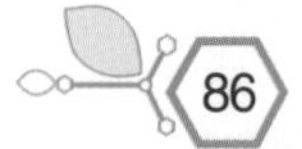

除水垢、防静电等。

21.2.4 如何辨别香辛料的真与伪?

(1)花椒——市面上花椒有红花椒和青花椒两种,有人认为是成熟度或采收期不同而造成的。事实上,并不是这么回事,其主要是因为品种不同,并且味道和用途也有区别。一般红花椒麻味更重,青花椒除麻味外,更具清香味。烹调时,红花椒多用于制作辣味重或偏重香辣风味的菜,如辣子鸡、香辣鱼等;而青花椒多用于偏重清香口味的炒菜,如椒麻鸡、青椒兔等。

好的花椒壳色油润,粒大且均匀,用手捏时,花椒很容易破碎;用手抓时,有刺手干爽的感觉;用手拨弄时,会伴有“沙沙”的响声。

(2)八角——八角是人们炖肉时常放的一种调味料。上等的八角为八个角,瓣角整齐,尖角平直,果皮较厚,背面粗糙有皱缩纹,内表面两侧颜色较浅,平滑而有光泽,腹部裂开,蒂柄向上弯曲。味甘甜,有强烈而特殊的香气。假八角色泽较浅,呈土黄色,果实多十个角以上,每个角都细瘦且顶端尖锐,闻之有刺鼻花露水或樟脑的气味,品尝则有酸苦味及麻舌感。

(3)肉桂——又称桂皮,是中式炒菜、炖肉中必不可少的调味品。真桂皮的皮面呈灰棕色或淡棕色,稍显粗糙,表面有不规则细皱纹和突起物;闻起来香气

醇厚，用牙齿轻咬桂皮后，浓烈青香且味甜微辣。

21.3 调味料如何正确储存？

调味料要用正确的方式储存，才不影响其风味和质量。一般调味料因具有高酸、高盐、高糖等特性，都不易变质，只需常温保存即可。但不同调味料的储存方式，还是有很多需要注意的地方。

★新鲜调料——阴凉通风，现买现吃

葱、姜、蒜等调味料属于新鲜蔬菜，最好现买现吃，每次购买不宜过多。

葱容易腐烂、蔫黄，不耐储存，购买少量时放在阴凉、通风处即可。新鲜的葱若需保存相对较长的时间，可用保鲜膜把葱卷好密封起来放入冰箱冷藏。

民间有“烂姜不烂味”的说法，认为姜坏了，味道没受影响就可以继续吃。其实，烂姜中具有致癌作用的黄樟素含量会上升，建议不要食用。生姜不建议放冰箱保存，可用厨房纸巾包好，放在通风良好的阴凉处。要食用时，若发现外皮有点干，内部仍新鲜可放心食用。可从颜色上鉴别姜是否已坏掉，姜变质之后，一般由姜黄色变成了棕色或者褐棕色。此外，姜心变黑、变糠，也说明姜已坏掉。也可以通过闻生姜的气味来判断：一般健康无病的生姜有一种辛辣清香的味道，而病姜有一股带腐臭的味道。姜的适宜储存温度为 11～13 ℃。姜受热变质会生出白毛，姜受冻则会产生毒素，轻捏会出汁液，这样的姜都不能再继续食用。

大蒜容易发芽，可将大蒜掰成一粒一粒的，放进密封袋内，尽量排尽空气，这样能减少大蒜的氧化，延迟发芽。

★粉状调料——密闭干燥，防止受潮

粉状调料在储存时，需将调味料的瓶盖或包装袋封好，放在阴凉、通风、干燥的地方。尤其容易吸潮结块的调味料（如盐、糖、味精、鸡精等）需将盖子拧紧或将袋口密封，防止受潮。

★干货调料——远离灶台、洗菜池

辣椒、花椒、胡椒、八角、茴香、香叶、肉桂等本身是具有一定防腐作用的香辛料，最好在密封干燥条件下储存，远离灶台、洗菜池这样温暖潮湿的环境，避免发生吸潮、发霉、生虫等现象。

★瓶装调料——拧紧盖子

酱油、醋、辣椒油、花椒油、蚝油、料酒等液态调料，在保存时应根据容器区别对待，拧紧盖子放置在通风避光处。

★酱类调料——低温保存

番茄酱、果酱、甜面酱、大豆酱、花生酱等酱类调味品，一般开封后需放入冰箱冷藏。辣椒酱、豆瓣酱等含有一定的盐分和油脂的调味料，短期内可常温保存，但因其含有油脂，要注意远离灶台，防止高温造成油脂酸败。特别注意要防止阳光暴晒。

虽然大多数调味料相对其他食品储存期限更长，但出于食用安全性及营养价值考虑，调味料开封后建议还是尽早吃完为好。

21.4 吸潮、发霉、变质、生虫、过期的调味料还能食用吗？

大部分家庭，很少关注调味料的保质期及卫生状况。调味品开封后往往很随意地放在灶台四周或厨房角落。要知道，食用吸潮、发霉、变质、生虫、过期的调味品是有一定安全隐患的。

同时值得注意的是，外包装打开后的调味料，其保质期将大大缩短。所以为了安全起见，对于正规厂家生产的合格产品，一定要在保质期内食用完。有的调味品是允许不标注保质期的（如盐、味精、固体糖、醋等），包装没有标注保质期，并不意味着开封后可以无限期食用，还是要尽快用完为好。

21.5 如何正确使用调味料？

（1）根据原料的性质进行调味。例如：烹制腥腻气味较重的原料时，应适当多用一些能解除腥腻的调味品；烹制鲜嫩的鸡、鸭、鱼、肉和蔬菜时，应尽量保存原有的鲜美滋味，调味品不宜过重，以免压过原有的鲜味。使用调味料要记住的几个简单原则：要和食材的属性平衡（如八角配猪肉），要注意调料自身收发结合（如醋配蒜），要注意味道相佐使用（酸＋甜），等等。

（2）根据烹调方法的不同，正确投放调味品。如，清炖的菜肴与红烧的菜肴不一样，应按不同要求投放不同颜色和口味的调味品。又如，炒菜用的姜蒜可以油煎，凉拌菜用到姜蒜既可以生放，也可以生煎并用。

（3）根据食用的口味进行调味。有人喜酸，有人喜辣，应根据食用者的口味准确、合理使用调味品，“酸＋辣”也是调味料中的经典味对，应用得当满口生香，还有益于健康。

（4）通常来说，冬季口味偏重，夏季口味偏清淡。烹调时应顺应四季变化

(即应时)使用各种调味料,以满足人们的口味和健康要求。如,春季适合辛辣发散有助生发,夏季吃点咸,秋季吃点酸,冬季则宜用焦苦,一年四季甜味均宜。

21.6 调味料日常使用有哪些误区?

★盐

误区1:在炒肉、烧肉时加盐过早。事实上,若盐放得过早,会导致肉蛋白质遇盐凝固,肉变硬、变老,口感粗糙。为使肉类鲜嫩,应在肉炒至八成熟时放盐。

误区2:烹饪蔬菜时晚放盐。的确,在炒瓜果类蔬菜时需要晚放盐,因瓜果含大量水分,盐放早了,容易使水分和水溶性营养素大量溢出,影响外形、口感,因此建议在成熟装盘前放盐为佳。但在烹饪质地紧密、纤维素高的根茎类菜时,就要早放盐,以便使之充分入味。

★味精

误区1:炒菜时过早放入味精。味精的主要成分谷氨酸钠在加热高温时变成了焦谷氨酸钠,对人体健康不利。尽量在菜肴出锅前投放味精,若菜肴需勾芡的话,则在勾芡之前放味精。

误区2:炒肉时放味精。其实,肉类中本来就含有谷氨酸,与菜肴中的盐相遇加热后,自然就会生成味精的主要成分——谷氨酸钠。因此,炒肉大可不必添加味精。除了肉类,烧制其他带鲜味的食物(如鸡蛋、蘑菇、茭白、海鲜等)也没必要加入味精。

误区3:凉拌菜放味精。在80 ℃时味精才能充分发挥提鲜的作用。而凉菜的温度偏低,味精难以发挥作用,甚至还会直接黏附在原材料上,影响感官。如果做凉拌菜时非要放味精，宜用少量热水把味精溶解后再拌入凉菜之中。

误区4：放醋的菜里放味精。在酸性环境中味精不易溶解，而且酸性越大，溶解度越低，鲜味效果越差。烧制酸味明显、醋加得比较多的菜肴不宜加味精，如糖醋里脊、醋熘白菜等。

★食醋

误区1：绿色蔬菜里放醋。青菜中的叶绿素在酸性条件下加热极不稳定，醋可使青菜亮绿的颜色丧失，影响其感观，所以烧制绿色蔬菜里不宜放醋。但烹炒白菜、豆芽、甘蓝、土豆和制作一些凉拌菜时适当加点醋，可提高维生素C的利用率。另外，在酸性条件下食物中的钙质会被溶解，可促进钙被人体更好地吸收。醋还有利于菜肴感官性状，去除异味，增生美味，使某些菜肴口感脆嫩。

误区2：醋能给肠道杀菌？一定程度上醋可以给食物杀菌，比如糖蒜放在醋中能长期保存。但日常生活中我们的摄入量不足以达到给人体肠道杀菌消毒的效果，也不能预防细菌性的食物中毒。

21.7 家庭调味料可以当药吗？

许多调味料除具有调味、除腥、着色等功能外，还具有一定的药用价值，生姜/干姜、肉桂、白芷、丁香等香料都是比较常用的中药。

如生姜是中医大夫处方中常见的一味，具有驱寒暖胃、发汗止呕、杀菌、解毒等作用，民间也有“冬吃萝卜夏吃姜，不用医生开药方”的说法；葱白可解表散寒，宣肺化痰通窍，如葱白生姜汤、红糖生姜汤可预防风寒感冒；八角茴香具有温阳散寒、理气止痛的作用。不过再好的东西也要讲究适量，不宜过量，特殊情况建议在医师、药师指导下应用。

“正气存内，邪不可干”，疫情期间更需要注意保持良好的心态、均衡的营养、充足的睡眠和适当的锻炼来提升人体的正气，增强对病毒、细菌等外邪的抵

抗能力。同时,可巧妙利用调味品来防病治病。

下面为大家推荐三款日常保健实用方。

姜丝葱白汤:葱白(带须)2 根　生姜 15 克

制作方法:带须葱白、生姜洗净,葱白切小段,生姜切丝,加入 3 碗水(500~600 毫升),大火煮沸后小火慢炖 20 分钟,捞出残渣,趁热喝下。接受不了辛辣味的可加适量红糖。

功效:解表散寒、暖胃止呕,适用于预防风寒感冒或减轻感冒初期症状。

红糖姜枣汤:生姜 15 克　红枣 30 克　红糖 30 克

制作方法:生姜洗净、去皮,切薄片,红枣掰开,加水 3 碗,大火煮沸后小火熬煮 15 分钟,加入红糖熬水成 1 碗(170~200 毫升),趁热喝。

功效:驱寒发汗、补气益血,适用于预防风寒感冒或缓解女性痛经症状。

醋大蒜:鲜大蒜 60 克　白糖 15 克　食盐 5 克　陈醋 60 克

制作方法:鲜大蒜切掉根部,剥老皮,留 2~3 层内皮,加食盐拌和腌制或用冷开水兑成质量分数为 1%~2% 的淡盐水浸泡 1~2 天;将瓶或坛洗净,开水消毒,晾干;糖、醋煮沸成糖醋汁,晾凉;瓶或坛中加入蒜头,糖醋汁浸没蒜头,密封,阴凉处保存,30 天后即可食用。注意制作过程及取食时不能沾油。

功效:杀菌消炎、软化血管,适用于高血脂和动脉粥样硬化症等心血管疾病的预防。

22 坚果

22.1 坚果有何营养特点?

坚果的营养丰富,蛋白质、油脂、矿物质、维生素含量较高,对人体生长发育、增强体质有一定功效。下面简单介绍一些常见坚果的营养价值。

(1)核桃:核桃仁脂肪含量很高,其主要成分是亚麻酸、亚油酸等不饱和脂肪酸,不饱和脂肪酸占比约 90%,核桃蛋白在营养学上属于优质蛋白质,包含人体所需的 8 种必需氨基酸且比例适合。

(2)松子:松子仁中脂肪含量高达70%,有利于促进脂溶性维生素的吸收,含有0.7% ~ 0.9%的磷脂,对活化细胞、维持新陈代谢、增强人体的免疫力有一定功效,除优质蛋白质外,还含有多种人体必需的微量元素及矿物质等。

(3)开心果:开心果含有丰富的维生素E,具有抗氧化、增强体质的功效,开心果油有润肠通便的作用,还含有一定量的叶绿素,在其他坚果油中很少见到。

(4)花生:花生仁的脂肪含量为50%左右,是主要食用油料作物之一,花生的内皮含有抗纤维蛋白溶酶,可降低外伤出血、肝病出血、血友病等疾病风险。

(5)板栗:含有蛋白质、脂肪、B族维生素等多种营养素,值得一提的是,板栗中淀粉含量高达到70%,与粮谷类相当,板栗淀粉中支链淀粉占比高,较难消化,不宜大量食用。

22.2 市场上坚果有哪些种类?有何不同?

坚果是指具有坚硬外壳的木本类植物的籽粒,包括核桃、板栗、杏核、扁桃核、开心果、香榧、夏威夷果、松子等。

市场上的坚果,按照其有无外壳分为有外壳的坚果和没有外壳的坚果。松子、榛子、开心果等都属于有坚硬外壳的坚果,像腰果这种不需拨开外壳就可直接食用的坚果属于没有外壳的坚果。还可以按照加工方式不同,将坚果分为生干坚果和熟制坚果。生干坚果是指经过清洗、筛选、去壳、干燥等处理,未经熟

制工艺加工的坚果；熟制坚果是指以坚果为主要原料，添加或不添加辅料，经烘炒、油炸、蒸煮或其他熟制加工工艺制成的食品，也就是传统的炒货食品。

22.3 如何选购坚果？

市面上的坚果种类繁多，选购时可参照以下建议：

(1)看包装。对于密封袋装的坚果，尽量选择知名品牌，且要留意外包装上的生产日期、保质期等标识是否完备。

(2)看外观。对于有外壳的坚果，尽量选择粒大饱满、壳硬而脆、仁肉乳白的，不要挑选空瘪、坏粒多的；对于没有外壳的坚果应挑选外观完整，形态饱满，气味香，无蛀虫，无斑点的。有黏手或受潮现象的，表示不够新鲜，不宜大量采购。

(3)看需求。一般人群可按照自己的口味选择，对于有糖尿病、高血压、高血糖等基础疾病的人群，尽量选择低糖低盐的坚果，且不宜一次食用太多。

（4）看品质。一般来说，优质坚果只需轻度烘焙即可食用，但对于品相不佳、长期存放的坚果，为了能掩盖其不良气味和除掉果仁表面的黑斑会添加更多的香精香料。坚果的健康效益会大打折扣。

22.4 在家如何安全保存坚果？

超市购买的盒装、袋装坚果保质期一般为6～12个月，购买后放置在干燥阴凉处即可。针对重庆这种湿度比较大的地区，最便宜的做法是用自封袋分装成几份，每次拆开一小袋。将坚果装进自封袋，空气尽量排出后再封口。一定要购买优质PE材料的食品级自封袋，家庭常用的密封保鲜盒效果也不错，可储存坚果1～2个月。要想存放更长时间或需要经常取用，推荐采用真空玻璃密封罐。这种密封罐的好处是可以起到隔绝潮湿空气的作用，但是价格相对较贵。在存放坚果过程中要注意，坚果容易遭异味的渗透，应避免与有刺激性气味的食品（如葱、蒜、香味浓烈的水果、海产品等）存放在一起。

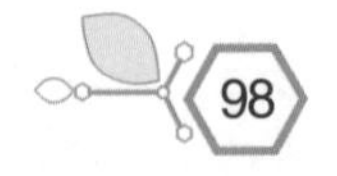

22.5 怎么判断坚果变质了没有?

坚果大多油脂含量很高,储存不当或长时间存放会产生酸败现象,出现我们常说的“哈喇味”。哈喇味的出现,说明坚果已经严重变质,不宜再食用。此外,若发现坚果出现霉变,也不应再食用。很多坚果容易受到黄曲霉菌的污染发生霉变,由此产生一种剧毒物质——黄曲霉毒素,它具有强烈的致癌能力,对人体脏器的损害极大。因此,发霉坚果一定不能吃,一旦发现嘴里的坚果有苦味、霉味或辛辣味,应当赶快吐出来并及时漱口。

22.6 要是坚果保存不当已经受潮了,还有办法拯救吗?

家用微波炉就可以处理受潮的坚果,选择低火加热 30 秒,如果不够再加热 30 秒,直到坚果变得香酥松脆。对于没有微波炉的家庭,可以把这些坚果放在铁锅里,然后小火翻炒 3 分钟左右。加热的坚果可以立即食用或冷凉后尽早装入玻璃密封罐中。

若坚果已经严重受潮,还带有一些难闻的油脂味,最好的处理方式就是丢入垃圾箱,请记住:变质坚果的健康危害远大于坚果的营养价值!

23　食用菌

食用菌是指子实体硕大、可供食用的大型真菌。中国的食用菌资源丰富，也是最早栽培、利用食用菌的国家之一，目前已报道的食用菌约 980 种，但能实现大面积人工栽培的只有 60 余种。

常见的食用菌有平菇、香菇、金针菇、双孢菇、杏鲍菇、鸡腿菇、茶树菇、黑木耳、银耳等等。食用菌味道鲜美，具有极高的营养价值，联合国粮农组织提出 21 世纪最合理的膳食结构是“一荤一素一菇”，充分肯定了食用菌在合理膳食结构中的重要地位。下面针对食用菌的营养、选购和保存等相关问题进行解答。

23.1 食用菌营养价值如何?

食用菌蛋白质含量高,双孢菇、姬松茸等品种可达其干重的30%以上,且蛋白质中氨基酸种类丰富,必需氨基酸占比达到理想蛋白质水平(鸡蛋)。

食用菌油脂含量低,占干重的2% ~8%,且以不饱和脂肪酸为主。此外,还含有多种维生素、微量元素、多糖及其他功能性成分如具有一定药效的生理活性物质等,能促进人体新陈代谢,增强体质,提高免疫能力等,被营养学家推荐为十大健康食品之一。

23.2 如何挑选食用菌?

答:鲜菇可采取“看、闻、摸”三步法来选购。一是看外观,大小均匀、色泽正常,菌盖厚实且没有完全打开,或是打开后没有破裂凋谢,边缘完整,菌柄较短,无霉斑的为鲜菇;二是闻气味,气味纯正清香,无难闻的异味和腐烂味的为鲜菇;三是用手摸菌盖和菇柄,手感润泽,不发黏的为鲜菇。

干菇最好选择在品牌商家购买,注意生产日期和保质期,质量有保证的产品色泽正常,质干不碎,没有刺鼻气味,无虫蛀、霉变、泥沙。

23.3 食用菌如何保存?

答:鲜菇含水量高,呼吸速率高,室温较高时易出现开伞、褐变、腐烂等现象,不耐储存。可先散放晾干表面水分后,再装入保鲜袋内,置于冰箱冷藏室保存。如果袋内发现明显水珠,应及时取出,用纸吸掉菇体表面水分并更换保鲜袋,以延长保鲜时间。

干菇接触光和空气后易氧化变色,在湿度较高的环境下易吸湿回潮,造成品质下降、发霉长虫,故应密封后放置在阴凉避光干燥处保存。

23.4 野生食用菌比人工种植食用菌更好吗?

“野外生长,营养更丰富”“自然环境,生长缓慢,味道更鲜美”“远离污染,深山种植”等宣传语常在网络购物平台出现,以“野生”吸引消费者的眼球。野生菌到底是否更营养、更安全? 其实并非完全如此。

野生菌生长在野外,往往不能在最恰当的时机被采摘,致使其营养价值和药用价值流失;野外环境不可控,若出现土壤、地下水源污染可能会导致重金属超标;可能误食有毒品种等。

人工种植食用菌会根据食用菌品种对基料、温度、湿度、光照、通风、酸碱度

等进行控制，以创造其最适生长环境，且可实现适时采收，不仅保证了营养价值，还能保证食用安全性。

23.5 食用鲜菇好还是干菇好?

答：不同品种具有不同的食用特性，平菇、金针菇、鸡腿菇、双孢菇等因肉质细嫩适合鲜食，香菇、茶树菇等既可鲜食也可干制，而木耳、银耳多以干制为主。

一般而言，鲜菇的营养价值高，因为传统干制过程的高温会造成部分营养物质损失，但干菇更耐储存，不易腐败变质，不受季节限制，有的品种在干制过程中还可能生成更多的呈味物质，如香菇烘干后香味会更加浓郁。

23.6 鲜菇在冰箱中长大了是怎么回事，还可食用吗?

有的消费者发现买回家的金针菇或双孢菇在冰箱中放置几天后明显长大了，怀疑是使用了激素类药物，担心食用的安全性。

其实这是一种正常现象，因为金针菇、双孢菇是耐冷型真菌，喜欢阴暗湿冷的环境，冰箱里的低温和黑暗正好满足其需要，且鲜菇在采收时根部还带有一些生长营养基质，其会持续提供养分，自然就会在冰箱里继续生长了。这种鲜菇可以继续食用，只是口感和营养价值有所下降。

24　植物油

新冠肺炎疫情下，许多家庭储备了较多的植物油，若储存不当，容易发生氧化酸败，导致植物油变质。今天，我们针对大家较为关心的植物油的选购、储存、安全食用等问题进行解答，推出科普小常识。

24.1　如何挑选植物油？

第一，看保质期和出厂日期，应挑选靠近出厂日期的植物油，不建议购买临近保质期的“大减价”植物油；

第二，看外观，应挑选透明澄亮、无沉淀的植物油（常用油中花生油的脂肪酸组成比较独特，在低温下易发生絮凝，为正常物理现象）；

第三，看包装，对于小家庭建议购买小包装植物油，大家庭可以购买大包装植物油，但建议分装并密封储存；

第四，看成分，不同原料的植物油营养特征不同，建议购买不同种类的植物油，搭配使用。

24.2 包装上标注的加工工艺有压榨法或浸出法，两者有什么区别？

压榨和浸出是两种不同的油脂制取工艺，压榨法是用物理压榨的方式榨油，营养成分保存较为完整，但出油率低；而浸出法则采用化学溶剂提取油料中的油脂，相对出油率较高、成本较低，但可能存在微量的溶剂残留。无论哪种工艺生产的产品，只要是带包装的大品牌，均经过了严格的质量认证，符合国家相关标准，消费者可放心选购。

24.3 如何保存植物油？

植物油有“四怕”：一怕直射光，二怕空气，三怕高温，四怕进水。因此，保存植物油要避光、密封、低温、防水。疫情期间，建议大家正确储存植物油，吃安全油，吃健康油！

24.4 如何判断植物油是否变质？

观察油的颜色和透明度，颜色变深或产生沉淀的植物油不建议食用；闻，若油有明显的哈喇味，表明植物油严重变质，不建议食用。家里买回的植物油，从打开盖子的那一刻起，就开始了氧化酸败的过程，建议开封后尽量在3个月内食用完。

24.5 过期的未开封的植物油还能吃吗？

不建议食用，植物油的保质期一般为18个月，植物油过期后油中会产生一些氧化产物，这些物质对人体是有害的。因此，即便是没有开封的过期油也不建议继续食用了，同时建议大家在疫情期间应理性购买植物油，不要过量囤积。

24.6 炸过食物的油还能再用吗?

一般家庭做油炸食品后的余油是可以食用的,但尽量减少反复加热,且不建议与新油混合存放,应单独存放并尽快用完。

24.7 不同种类的植物油分别适合什么烹调方式?

不同的烹调方式,适宜选用植物油的种类也不同,主要与其营养成分及耐热性相关。一般而言,菜籽油、花生油适合煎炒,大豆油适合炖煮,玉米油适合拌馅,橄榄油、芝麻油最好凉拌。现多数家庭普遍油盐摄入过量,根据《中国居民平衡膳食宝塔》的建议,健康成年人每人每天烹调油的摄入量不宜超过25 ~ 30 g,建议合理选择有利于健康的烹调方式,控制油的摄入量。

25　茶

在新冠疫情背景下，很多家庭会居家泡茶喝，下面我们针对茶叶的储存保鲜进行解答。

25.1　哪些因素会较大程度地影响茶叶品质？

茶叶表面疏松多孔，长期储存过程中品质易受环境影响而变化。茶叶储存环境中湿度、温度和氧气含量过高、光照等因素都可能导致茶叶在存放过程中品质劣变。还要注意的就是，茶叶有吸味的特性，所以一定不要跟有异味的东西放在一起。因此，要保存好茶叶主要从以下4点做好：

环境湿度不能高；茶叶切记低温放；

单独存放避光照；隔绝异味品质好。

25.2　日常生活中茶叶保存要注意什么？

在当前疫情防控下，不便随时外出购买茶叶，许多茶叶爱好者会一次购买

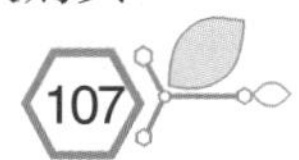

较多,那么家里又要如何保存呢?具体而论,可以将茶叶的储存方法分为两类。

对于绿茶、红茶、乌龙茶应该尽早喝完,过长时间的储存会导致其失去原有的特征性风味,储存的重点在于保鲜;

而对于黑茶(普洱、茯砖茶等)、白茶,许多消费者喜欢存放一段时间后再喝,这些茶储存的重点在于防霉变。

25.3 茶叶的家族储存方法?

对于绿茶、红茶、乌龙茶来说,如果是短时间内存放茶叶,可以直接把茶叶放到没有异味的铁罐里密封好,并把铁罐放在阴凉、没有阳光照射、干燥的地方即可。要想长时间保存茶叶,可以将茶叶包装密封好后,放到冰箱里冷藏或冷冻。这个方法适合长时间保存茶叶。但需要注意:从冰箱取出茶叶时,最好将茶叶回温到常温擦干水分后再打开包装,以免低温冷凝水打湿茶叶。特别的是,对于乌龙茶的储存,一般则认为冷藏(4℃左右)优于冷冻(0℃以下)。

对于黑茶(普洱、茯砖茶等)、白茶来说,若要将茶叶长时间储存使其风味优化,储存过程中防止茶叶污染尤为重要。此时,储存的关键不再是避免茶叶的氧化变质。最好是将茶叶包装好存放在通风、干燥及空气湿度低的环境中,可以用储茶罐存茶,需放入干燥剂。如果有条件,在常温下,将空气湿度控制在

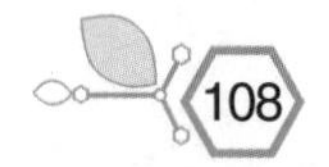

10% ~45%。

25.4 茯茶上面有黄色是坏了吗

茯茶,因以前在伏天加工,被称为“伏茶”;又因其口感及药效似土茯苓,故称为“茯茶”。茯茶上的黄色颗粒称为“金花”,其学名为“冠突散囊菌”,是茯砖茶在特定温度湿度条件下,通过“发花”工艺长成的自然益生菌体。“金花”是一种益生菌,具有较强的促消化、降血脂、溶解脂肪、调节糖类代谢等功效。“金花”不仅没毒,还能改善黑茶口感,有益健康。

致　谢

此次“生鲜食品保鲜系列”科普宣传活动的成功开展离不开重庆市各高校、科研院所数十位专家的积极响应和鼎力支持。各位专家就科普知识选题、提纲、文稿撰写和配图等方面，每一个细节都反复推敲，逐字逐句认真修改。尽管有的档期不是自己团队的作品，但也不分彼此，积极建言献策。在这样一个特殊时期，系列科普知识所有环节均在线上完成，专家们经常在周末、在深夜甚至在凌晨还在工作，对工作群里文稿的某个观点、某一句话，甚至某个用词、标点符号都进行热烈讨论，各位拟稿专家和编辑人员尽职尽责、严谨求实的精神令人感动。特别是西南大学赵国华教授、重庆市中药研究院杨勇研究员等在图文总体审核把关方面，付出了大量的时间和精力，为科普知识的准确性、权威性、适用性提供了支持和保证。重庆市科技局农村科技处作为这次科普活动的倡议者和组织者，对参与编撰的各位专家和工作人员的辛勤付出致以诚挚的谢意，同时，也感谢市民朋友们对本次科普活动的大力支持！

重庆市科技局农村科技处